220kV 及以下
智能变电站运维实用化题库

主 编 潘宏伟 程 烨
副主编 龚小雪 汤益飞 朱 虹

中国水利水电出版社
www.waterpub.com.cn
·北京·

内 容 提 要

本题库从岗位实际工作出发，以岗位能力要求为导向，合理选择考试题型和试题数量，命题要围绕全覆盖、科学性、规范性展开。本题库共分为智能变电站基础知识、智能变电站设备及原理、智能变电站日常运维、智能变电站异常及事故处理四章，主要内容包括智能变电站的概念、通信技术、网络结构、与传统变电站的主要区别；智能变电站二次设备的结构、原理、逻辑及信息流走向；智能变电站巡视、操作、两票执行、安措布置等日常运维工作；智能变电站常见异常及事故的分析处理等。

本题库适用于智能变电站运维岗位所有工作人员。

图书在版编目（CIP）数据

220kV及以下智能变电站运维实用化题库 / 潘宏伟，
程烨主编. -- 北京：中国水利水电出版社，2021.4
ISBN 978-7-5170-9564-4

Ⅰ. ①2… Ⅱ. ①潘… ②程… Ⅲ. ①智能系统－变电
所－电力系统运行－习题集 Ⅳ. ①TM63-44

中国版本图书馆CIP数据核字(2021)第081517号

书 名	220kV 及以下智能变电站运维实用化题库 220kV JI YIXIA ZHINENG BIANDIANZHAN YUN - WEI SHIYONGHUA TIKU
作 者	主 编 潘宏伟 程 烨 副主编 龚小雪 汤益飞 朱 虹
出版发行	中国水利水电出版社 （北京市海淀区玉渊潭南路 1 号 D 座　100038） 网址：www. waterpub. com. cn E - mail：sales@waterpub. com. cn 电话：(010) 68367658（营销中心）
经 售	北京科水图书销售中心（零售） 电话：(010) 88383994、63202643、68545874 全国各地新华书店和相关出版物销售网点
排 版	中国水利水电出版社微机排版中心
印 刷	天津嘉恒印务有限公司
规 格	184mm×260mm　16 开本　8.75 印张　213 千字
版 次	2021 年 4 月第 1 版　2021 年 4 月第 1 次印刷
定 价	**52.00 元**

前言

　　随着智能化、数字化的不断成熟，智能变电站逐渐成为智能电网的重要内容、变电领域的发展重点，对智能电网建设起到先驱作用。而在智能变电站实际建设及应用中，220kV及以下智能变电站数量众多、占比最大，处于举足轻重的地位，越来越高的专业需求对智能变电站运维工作人员的基本业务能力提出了更高更新的要求。为快速地提高220kV及以下智能变电站运维工作人员对智能变电站基本情况认知水平，提升现场运维管理的能力、异常处理的能力，提高相关工作人员的实际作业水平，同时充分发挥专家优势及经验优势，以国网浙江省电力有限公司金华供电公司第一座220kV智能变电站，即塘雅变为原型，结合浙江省范围内500kV变电站220kV部分运检情况以及110kV智能变电站运维经验，开发《220kV及以下智能变电站运维实用化题库》。相关工作人员可以通过题库不断加强学习，提升基本素质，并推动形成以练促考、以考促学、以学促升、以升促练的良性循环。

　　在此，题库编委会对所有参与题库编审工作的同志表示感谢！并欢迎广大员工在题库运用过程中提出宝贵意见以便本题库不断修改完善。

编委会

2021年2月

题库说明

　　本题库开发从岗位实际工作出发，以岗位能力要求为导向，合理选择考试题型和试题数量，命题要围绕全覆盖、科学性、规范性展开。题库共分为智能变电站基础知识、智能变电站设备及原理、智能变电站日常运维、智能变电站异常及事故处理四章，主要内容包括智能变电站的概念、通信技术、网络结构、与传统变电站的主要区别；智能变电站一二次设备的结构、原理、逻辑及信息流走向；智能变电站巡视、操作、两票执行、安措布置等日常运维工作；智能变电站常见异常及事故的分析及处理等。题型包括单选题、多选题、判断题、填空题、简答题、分析题、画图题，总题量为1153道。220kV及以下智能变电站运维实用化题库汇总见表1。

表1　　　　　　　　220kV及以下智能变电站运维实用化题库汇总表

章节名称	试题数量	试题类型							各章节所占比例
		单选	多选	判断	填空	简答	分析	画图	
智能变电站基础知识	425	131	43	118	93	34	1	5	36.86%
智能变电站设备及原理	399	171	35	138	31	12	3	9	34.61%
智能变电站日常运维	214	67	30	77	19	19	2	0	18.56%
智能变电站异常及事故处理	115	8	7	53	4	38	4	1	9.97%
共计	1153	377	115	386	147	103	10	15	100%

　　题库适用于智能变电站运维岗位所有工作人员：

　　【难度为"易"的试题】适用于副值、正值、值长。

　　【难度为"中"的试题】适用于正值、值长。

　　【难度为"难"的试题】适用于值长。

　　220kV及以下智能变电站运维实用化题库难易分级见表2。

表 2   220kV 及以下智能变电站运维实用化题库难易分级表

章 节 名 称	试 题 难 易 程 度			总计
	易	中	难	
智能变电站基础知识	276	108	41	425
智能变电站设备及原理	162	172	65	399
智能变电站日常运维	107	79	28	214
智能变电站异常及事故处理	18	36	61	115
共计	563	395	195	1153
所占比例	49%	34%	17%	100%
适用层级	副值、正值、值长	正值、值长	值长	—

目录

第一章　智能变电站基础知识

一、单选题

1. 以下不属于智能化高压设备技术特征的是（　　）。（难易度：易）

A. 测量数字化　　　B. 控制网络化　　　C. 共享标准化　　　D. 信息互动化

【参考答案】C

2. 站控层包含（　　）子系统。（难易度：易）

A. 自动化站级监视控制系统　　　　　　B. 站域控制、通信系统

C. 对时系统　　　　　　　　　　　　　D. 以上都是

【参考答案】D

3. 智能化高压设备是一次设备和智能组件的有机结合体，智能化的主要对象包括（　　）。（难易度：易）

A. 变压器　　　　B. 断路器　　　　C. 高压组合电器　　　D. 以上都是

【参考答案】D

4. 智能化高压设备由（　　）构成。（难易度：易）

A. 高压设备和传感器或控制器

B. 智能组件

C. 高压设备、传感器或控制器以及智能组件

D. 铁芯和绕组

【参考答案】C

5. 无源式 ECT 主要是利用（　　）原理。（难易度：易）

A. 法拉第磁光感应原理

B. 电磁感应原理

C. 泡克耳斯效应和逆压电效应两种原理

D. 电阻、电容分压和阻容分压等原理

【参考答案】A

6. 有源式 EVT 主要采用（　　）原理。（难易度：易）

A. 法拉第磁光感应原理

B. 电磁感应原理

C. 泡克耳斯效应和逆压电效应两种原理

D. 电阻、电容分压和阻容分压等原理

【参考答案】D

7. 属于间隔层设备的有（   ）。（难易度：易）

A. 继电保护装置　　　　　　　　　B. 系统测控装置

C. 监测功能组的主智能电子设备　　D. 以上都是

【参考答案】D

8. 属于过程层设备的有（   ）。（难易度：易）

A. 变压器　　　　　　　　　　　　B. 断路器

C. 独立的智能电子设备　　　　　　D. 以上都是

【参考答案】D

9. GOOSE 报文可用于传输（   ）。（难易度：易）

A. 单位置信号　　　　　　　　　　B. 双位置信号

C. 模拟量浮点信息　　　　　　　　D. 以上均可以

【参考答案】D

10. 合并单元发送（   ）。（难易度：易）

A. 一次值　　　　　B. 二次值　　　　　C. 有效值　　　　　D. 基波有效值

【参考答案】A

11. （   ）是 GOOSE 双网模式。（难易度：易）

A. GOOSE 接收中有的控制块为双网接收数据，其他控制块为单网接收数据

B. GOOSE 和 SV 共网的情况

C. GOOSE 接收中都采用双网接收

D. GOOSE 接收中都采用单网接收

【参考答案】C

12. （   ）是 GOOSE 单网模式。（难易度：易）

A. GOOSE 接收中有的控制块为双网接收数据，其他控制块为单网接收数据

B. GOOSE 和 SV 共网的情况

C. GOOSE 接收中都采用双网接收

D. GOOSE 接收中都采用单网接收

【参考答案】D

13. （   ）是 SV 双网模式。（难易度：易）

A. GOOSE 接收中有的控制块为双网接收数据，其他控制块为单网接收数据

B. GOOSE 和 SV 共网的情况

C. SV 接收中都采用双网接收

D. SV 接收中都采用单网接收

【参考答案】C

14. （   ）是 SV 单网模式。（难易度：易）

A. GOOSE 接收中有的控制块为双网接收数据，其他控制块为单网接收数据

B. GOOSE 和 SV 共网的情况

C. SV 接收中都采用双网接收

D. SV 接收中都采用单网接收

【参考答案】D

15. SCD 是（　　　）的缩写。（难易度：易）

A. Substation Capability Description　　　B. Substation Current Description

C. Substation Current Device　　　D. Substation Configuration Description

【参考答案】D

16. 智能变电站过程层网络组网采用双单网方式的优点有（　　　）。（难易度：易）

A. 数据冗余好　　　　　　　　　B. 数据相互隔离

C. 信息相互之间共享　　　　　　D. 数据通道不唯一

【参考答案】B

17. 智能变电站过程层网络组网不考虑环型网络的原因有（　　　）。（难易度：易）

A. 省钱　　　　　　　　　　　　B. 易产生网络风暴

C. 网络简单　　　　　　　　　　D. 数据流向单一

【参考答案】B

18. 电子式电流互感器的额定延时（不包含合并单元）不大于（　　　）Ts（采样周期）。（难易度：易）

A. 1　　　　　B. 2　　　　　C. 3　　　　　D. 4

【参考答案】B

19. 光学电流互感器中光信号角度差（或相位差）与被测电流的关系为（　　　）。（难易度：易）

A. 角度差（或相位差）是被测电流的微分

B. 角度差（或相位差）是被测电流的积分

C. 角度差（或相位差）与被测电流成正比

D. 角度差（或相位差）与被测电流成反比

【参考答案】C

20. 智能变电站系统中，保护装置应按 MU 设置"SV 接收"软压板。"SV 接收"压板退出后，相应的采样值（　　　）。（难易度：易）

A. 显示为 0，不参与逻辑计算　　　B. 显示发送值，不参与逻辑计算

C. 显示为 0，参与逻辑计算　　　　D. 显示发送值，参与逻辑计算

【参考答案】A

21. 目前国内智能变电站过程层数字采样使用的规约主要是（　　　）。（难易度：易）

A. IEC 61850 - 9 - 2　　　　　　B. IEC 61850 - 9 - 1

C. IEC 60044 - 8　　　　　　　　D. IEC 61850 - 8 - 1

【参考答案】A

22. 国内现行智能变电站工程 GOOSE 报文的允许生存时间为（　　　）。（难易度：易）

A. 5000ms　　　　　B. 2ms　　　　　C. 10000ms　　　　　D. 20s

【参考答案】C

23. 智能变电站系统中，在配置 SCD 文件时，要求各 IED 内任意一个报告控制块的

name 要（　　）。（难易度：易）

    A. 全站唯一　　　　B. 装置内唯一　　　C. 完全相同　　　　D. 全网唯一

【参考答案】B

24. 智能变电站系统中，远动装置采用（　　）方式与装置通信。（难易度：易）

    A. 单实例　　　　　　　　　　　　B. 多实例

    C. 单实例或多实例　　　　　　　　D. 单实例和多实例同时

【参考答案】C

25. GOOSE 事件时标的具体含义为（　　）。（难易度：易）

    A. GOOSE 报文发送时刻　　　　　　B. GOOSE 报文接收时刻

    C. GOOSE 事件发生时刻　　　　　　D. GOOSE 报文生存时间

【参考答案】C

26. 以下对智能变电站同步对时的要求描述不正确的是（　　）。（难易度：易）

    A. 智能变电站应配置一套全站公用的时间同步系统，为变电站用时设备提供全站统一的时间基准

    B. 用于数据采样的同步脉冲源可以全站不唯一，但应采用不同接口方式将同步脉冲传递到相应装置

    C. 地面时钟系统应支持通信光传输设备提供的时钟信号

    D. 同步脉冲源应不受错误秒脉冲的影响

【参考答案】B

27. （　　）是指能同时接收至少两种外部基准信号（其中一种应为无线时间基准信号），具有内部时间基准（晶振或原子频标），按照要求的时间准确度向外输出时间同步信号和时间信息的装置。（难易度：易）

    A. 主时钟　　　　　B. 从时钟　　　　　C. 专用时钟　　　　D. 特殊时钟

【参考答案】A

28. 以下对时间信号输出单元的技术要求描述不正确的是（　　）。（难易度：易）

    A. 输出单元应保证时间信号有效时输出，时间无效时应禁止输出或输出无效标志

    B. 在多时间源工作模式下，时间输出应不受时间源切换的影响

    C. 主时钟时间信号输出端口在电气上均应相互隔离

    D. 时间输出信号一般为脉冲信号

【参考答案】D

29. 由两台主时钟、多台从时钟和信号传输介质组成，为被授时设备或系统对时的系统称为（　　）。（难易度：易）

    A. 基本式时间同步系统　　　　　　B. 主从式时间同步系统

    C. 主备式时间同步系统　　　　　　D. 以上都不对

【参考答案】C

30. 以下对常规变电站与智能变电站中检修硬压板描述正确的是（　　）。（难易度：易）

    A. 两者没有区别

B. 智能变电站保护装置和测控装置的检修压板是装置进行检修试验时屏蔽软报文和闭锁遥控的，不影响保护动作、就地显示和打印等功能

C. 常规变电站保护、测控、合并单元和智能终端都设有检修压板，只有当两者一致时，才将信号进行处理或动作，不一致时报文视为无效，不参与逻辑运算

D. 以上都不对

【参考答案】D

31. 智能变电站中母线合并单元与间隔合并单元级联时，下列对母线电压品质位描述正确的是（　　）。（难易度：中）

A. 母线合并单元正常态，间隔合并单元检修态，则母线电压品质位正常态

B. 母线合并单元正常态，间隔合并单元正常态，则母线电压品质位检修态

C. 母线合并单元检修态，间隔合并单元检修态，则母线电压品质位正常态

D. 母线合并单元检修态，间隔合并单元检修态，则母线电压品质位检修态

【参考答案】D

32. 合并单元是（　　）的关键设备。（难易度：易）

A. 站控层　　　　B. 网络层　　　　C. 间隔层　　　　D. 过程层

【参考答案】D

33. 智能终端是（　　）的关键设备。（难易度：易）

A. 站控层　　　　B. 网络层　　　　C. 间隔层　　　　D. 过程层

【参考答案】D

34. 从结构上讲，智能变电站可分为站控层设备、间隔层设备、过程层设备以及（　　）。（难易度：易）

A. 站控层设备　　B. 间隔层设备　　C. 过程层设备　　D. 过程层交换机

【参考答案】B

35. 智能变电站中交流电流、交流电压数字量经过（　　）传送至保护和测控装。（难易度：易）

A. 合并单元　　　　　　　　B. 智能终端

C. 故障录波装置　　　　　　D. 电能量采集装置

【参考答案】A

36. "直采直跳"中"直跳"指的是（　　）信息通过点对点光纤进行传输。（难易度：易）

A. 跳、合闸信号　　　　　　B. 启动失灵保护信号

C. 保护远跳信号　　　　　　D. 非电量保护信号

【参考答案】A

37. 继电保护之间的联闭锁信息、失灵启动等信息宜采用（　　）传输方式。（难易度：易）

A. SV 点对点　　B. GOOSE 点对点　　C. SV 网络　　　　D. GOOSE 网络

【参考答案】D

38. 智能终端放置在（　　）中。（难易度：易）

A. 断路器本体 B. 保护屏   C. 端子箱   D. 智能控制柜

【参考答案】D

39. GOOSE 报文采用（ ）方式传输。（难易度：易）

A. 单播   B. 广播   C. 组播   D. 应答

【参考答案】C

40. 下列表述中正确的是（ ）。（难易度：易）

A. 合并单元只能就地布置

B. 合并单元只能布置于控制室

C. 合并单元可就地布置，亦可布置于控制室

D. 合并单元采用激光供能

【参考答案】C

41. 智能变电站电压并列由（ ）装置完成。（难易度：易）

A. 电压并列   B. 母线合并单元

C. 线路合并单元   D. 母线智能终端

【参考答案】B

42. 智能终端具有信息转换和通信功能，当传送重要的状态信息和控制命令时，通信机制采用（ ）方式，以满足实时性的要求。（难易度：易）

A. 硬接点 B. 手动控制 C. GOOSE D. 遥信

【参考答案】C

43. 220kV 及以上电压等级变压器保护应配置（ ）台本体智能终端。（难易度：易）

A. 1   B. 2   C. 3   D. 4

【参考答案】B

44. 主变保护与各侧智能终端之间采用（ ）传输方式跳闸。（难易度：易）

A. GOOSE 点对点   B. GOOSE 网络传输

C. 电缆直接接入   D. 其他

【参考答案】A

45. 智能变电站主变非电量保护一般（ ），采用直接电缆跳闸方式。（难易度：易）

A. 布置在保护室   B. 就地布置

C. 可任意布置   D. 集成在电气量保护内

【参考答案】B

46. 智能变电站自动化系统可以划分为（ ）三层。（难易度：易）

A. 站控层、间隔层、过程层 B. 控制层、隔离层、保护层

C. 控制层、间隔层、过程层 D. 站控层、隔离层、保护层

【参考答案】A

47. 智能变电站必须有以下哪种网络（ ）。（难易度：易）

A. 站控层网络   B. 过程层网络

C. 间隔层网络　　　　　　　　　　　D. 以上均不是

【参考答案】A

48. 智能变电站中的 IED 指（　　）。（难易度：易）

A. 计算机监控系统　　　　　　　　　B. 保护装置

C. 测控单元　　　　　　　　　　　　D. 智能电子设备

【参考答案】D

49. 智能变电站的站控层网络里用于四遥量传输的是（　　）类型的报文。（难易度：易）

A. MMS　　　　　　B. GOOSE　　　　　　C. SV　　　　　　D. 以上都是

【参考答案】A

50. 智能变电站的过程层网络里传输的是（　　）类型的报文。（难易度：易）

A. GOOSE　　　　　B. MMS＋SV　　　　C. GOOSE＋SV　　D. MMS＋GOOSE

【参考答案】C

51. 智能变电站中测控装置之间的联闭锁信息采用（　　）报文。（难易度：易）

A. GOOSE　　　　　B. MMS　　　　　　C. SV　　　　　　D. SNTP

【参考答案】A

52. 智能变电站中变电站配置描述文件简称是（　　）。（难易度：易）

A. ICD　　　　　　B. CID　　　　　　C. SCD　　　　　　D. SSD

【参考答案】C

53. 变压器非电量保护采用（　　）跳闸，信息通过本体智能终端上送过程层 GOOSE 网。（难易度：易）

A. GOOSE 网络　　　　　　　　　　　B. GOOSE 点对点连接

C. SV 网络　　　　　　　　　　　　　D. 就地直接电缆连接

【参考答案】D

54. 关于网络报文记录仪的描述正确的是（　　）。（难易度：易）

A. 可以记录分析存储和统计过程层报文　B. 不能记录分析存储和统计 MMS 报文

C. 具备一次设备状态监测功能　　　　　D. 具备站内状态评估功能

【参考答案】A

55. 当继电保护设备检修压板投入时，上送报文中信号的品质 q 的（　　）应置位。（难易度：易）

A. 效位　　　　　　B. Test 位　　　　　C. 取代位　　　　　D. 溢出位

【参考答案】B

56. 过程层网络传输（　　）报文。（难易度：易）

A. MMS　GOOSE　　　　　　　　　　B. MMS　SV

C. GOOSE　SV　　　　　　　　　　　D. MMS　GOOSE　SV

【参考答案】C

57. 智能变电站保护装置与后台通信的规约（　　）。（难易度：易）

A. IEC 61850　　　　　　　　　　　　B. IEC 61970

C. IEC - 60870 - 5 - 103   D. IEC 1588

【参考答案】A

58. 国网对智能化变电站单间隔保护配置要求为（   ）。（难易度：易）

A. 直采直跳   B. 网采直跳   C. 直采网跳   D. 网采网跳

【参考答案】A

59. 下面哪项不是智能终端应具备的功能（   ）。（难易度：易）

A. 接收保护跳合闸命令

B. 接收测控的手合/手分断路器命令

C. 输入断路器位置、隔离刀闸及地刀位置、断路器本体信号

D. 配置液晶显示屏和指示灯位置显示和告警

【参考答案】D

60. 国网典型设计中智能变电站 110kV 及以上的线路主保护采用（   ）。（难易度：易）

A. 直采直跳   B. 直采网跳   C. 网采直跳   D. 网采网跳

【参考答案】A

61. 国网典型设计中智能变电站 110kV 及以上的主变差动保护采用（   ）。（难易度：易）

A. 直采直跳   B. 直采网跳   C. 网采直跳   D. 网采网跳

【参考答案】A

62. 国网典型设计中智能变电站 110kV 及以上的母线主保护采用（   ）。（难易度：易）

A. 直采直跳   B. 直采网跳   C. 网采直跳   D. 网采网跳

【参考答案】A

63. 国网典型设计中智能变电站 110kV 及以上的主变非电量保护采用（   ）。（难易度：易）

A. 组网跳闸   B. 直接电缆跳闸   C. 两者都可以   D. 经主保护跳闸

【参考答案】B

64. 国网典型设计中智能变电站 110kV 及以上的测控装置采用（   ）。（难易度：易）

A. 直采直跳   B. 直采网跳   C. 网采直跳   D. 网采网跳

【参考答案】D

65. MU 是哪个的简称（   ）。（难易度：易）

A. 电子互感器   B. 合并单元   C. 智能终端   D. 保护设备

【参考答案】B

66. 哪个压板必须使用硬压板（   ）。（难易度：易）

A. 跳高压侧压板   B. 检修压板

C. 高压侧后备投入压板   D. 高压侧电流接收压板

【参考答案】B

67. 对于主变保护，（   ）GOOSE 输入量在 GOOSE 断链的时候必须置 0。（难易

度：难)

A. 失灵连跳开入　　　　　　B. 高压侧开关位置

C. 中压侧开关位置　　　　　　D. 跳高压侧

【参考答案】A

68. 以下哪个保护出口一般使用组网实现（　　）。（难易度：易）

A. 跳高压侧开关　　　　　　B. 跳中压侧开关

C. 跳低压侧开关　　　　　　D. 闭锁低压备自投

【参考答案】D

69. 变压器智能终端的不包含以下哪一项保护功能（　　）。（难易度：易）

A. 冷控失电　　B. 过负　　C. 启动风冷　　D. 非电量延时跳闸

【参考答案】B

70. 智能终端跳合闸出口应采用何种压板方式（　　）。（难易度：易）

A. 软压板　　B. 硬压板　　C. 软、硬压板与门　D. 不设压板

【参考答案】B

71. GOOSE 接收端装置应将接收的 GOOSE 报文中的 test 位与装置自身的检修压板状态进行比较，两者一致时保护如何处理（　　）。（难易度：中）

A. 抛弃 GOOSE 报文　　　　B. 正常动作

C. 不动作　　　　　　　　　D. 断链报警

【参考答案】B

72. SV 网属于变电站网络中的（　　）网络。（难易度：易）

A. 站控层网络　　　　　　　B. 间隔层网络

C. 过渡层网　　　　　　　　D. 过程层网络

【参考答案】D

73. 智能变电站的故障录波文件格式采用（　　）中的要求。（难易度：易）

A. GB/T 22386　　　　　　B. Q/GDW 131

C. DL/T 860.72　　　　　　D. Q/GDW 1344

【参考答案】A

74. 有源电子式电流互感器采用的是什么技术（　　）。（难易度：中）

A. 空心线圈、低功率线圈（LPCT）、分流器

B. 电容分压、电感分压、电阻分压

C. Faraday 磁光效应

D. Pockels 电光效应

【参考答案】A

75. DA 指的是（　　）。（难易度：易）

A. 逻辑设备　　B. 逻辑节点　　C. 数据对象　　D. 数据属性

【参考答案】D

76. 装置复归采用（　　）控制方式。（难易度：中）

A. sbo‑with‑enhanced‑security　　B. direct‑with‑enhanced‑security

C. sbo – with – normal – security   D. direct – with – normal – security

【参考答案】D

77. 电子式互感器采样数据的品质标志应实时反映自检状态，并且（   ）。（难易度：中）

A. 应附加必要的延时或展宽   B. 不应附加任何延时或展宽
C. 应附加必要的展宽   D. 应附加必要的延时，但不应展宽

【参考答案】B

78. 在以太网中，是根据（   ）地址来区分不同的设备。（难易度：易）

A. IP   B. IPX   C. MAC   D. LLC

【参考答案】C

79. 合并单元常用的采样频率是（   ）Hz。（难易度：易）

A. 1200   B. 2400   C. 4000   D. 5000

【参考答案】C

80. 智能变电站中故障录波装置以（   ）方式和站控层设备通信。（难易度：易）

A. SV   B. GOOSE   C. MMS   D. 其他方式

【参考答案】C

81. 目前我国智能变电站主要采用的网络架构（   ）。（难易度：易）

A. 环型网络   B. 混合型网络   C. 链型网络   D. 星型网络

【参考答案】D

82. 智能变电站二次设备的输入虚端子（   ）。（难易度：易）

A. 不可以并联   B. 可以串联
C. 可以并联   D. 可以并联或串联

【参考答案】A

83. 数字化变电站中变电站配置描述文件简称是（   ）。（难易度：易）

A. CID   B. SCD   C. ICD   D. SSD

【参考答案】B

84. 数字化变电站中 IED 实例配置文件简称是（   ）。（难易度：易）

A. CID   B. SCD   C. SSD   D. ICD

【参考答案】A

85. 数字化变电站中保护装置与监控系统的通信采用（   ）传输。（难易度：易）

A. MMS   B. SNTP   C. SV   D. GOOSE

【参考答案】A

86. 在智能变电站中保护装置的硬压板包括（   ）。（难易度：易）

A. 检修压板   B. 闭锁重合闸压板
C. 跳闸出口压板   D. 启动失灵压板

【参考答案】A

87. （   ）中既包含与 ICD 数据模板一致的信息，也包含 SCD 文件中针对该装置的配置信息，如：通信地址、IED 名称等。（难易度：易）

A. SCD 文件　　　　B. ICD 文件　　　　C. CID 文件　　　　D. SSD 文件

【参考答案】C

88. 智能终端模型中断路器、隔离开关双位置数据属性类型 Dbpos 值应按（　　）执行。（难易度：易）

A. 00 中间态、01 分位、10 合位、11 无效态

B. 00 分位、01 合位、10 中间态、11 无效态

C. 00 无效态、01 分位、10 中间态、11 合位

D. 00 中间态、01 无效态、10 合位、11 分位

【参考答案】A

89. IED 能力描述文件被称为（　　）文件。（难易度：易）

A. SCD　　　　B. ICD　　　　C. CID　　　　D. SSD

【参考答案】B

90. 合并单元发送的电压电流为（　　）。（难易度：易）

A. 一次值　　　　B. 有效值　　　　C. 二次值　　　　D. 幅值

【参考答案】A

91. 智能变电站全站系统配置文件被称为（　　）文件。（难易度：易）

A. SSD　　　　B. ICD　　　　C. CID　　　　D. SCD

【参考答案】D

92. 以下（　　）不属于变压器本体智能终端的功能。（难易度：易）

A. 非电量保护　　　　　　　　　B. 差动保护

C. 测量　　　　　　　　　　　　D. 调压及刀闸控制

【参考答案】B

93. 智能变电站中，防跳功能宜由（　　）实现。（难易度：中）

A. 合并单元　　　　B. 断路器本体　　　　C. 智能终端　　　　D. 保护装置

【参考答案】B

94. 网络记录分析装置属于智能变电站（　　）。（难易度：易）

A. 设备层　　　　B. 站控层　　　　C. 过程层　　　　D. 间隔层

【参考答案】D

95. 智能变电站中 ICD、SCD、CID 的产生顺序为（　　）。（难易度：难）

A. CID、SCD、ICD　　　　　　　B. ICD、SCD、CID

C. ICD、CID、SCD　　　　　　　D. CID、ICD、SCD

【参考答案】B

96. （　　）用以将传统开关和刀闸的电缆信号就地转化为数字信号，并将间隔层设备发送来的数字信号解析为电缆信号，实现对一次设备的控制。（难易度：易）

A. 智能终端　　　　　　　　　　B. 合并单元

C. 在线监测装置　　　　　　　　D. 网络报文分析仪

【参考答案】A

97. 主时钟应双重化配置，应优先采用（　　）系统。（难易度：中）

A. 地面授时信号　　　　　　　　B. 判断哪个信号好就用哪个
C. GPS 导航　　　　　　　　　　D. 北斗导航
【参考答案】D

98. 智能变电站以下 GOOSE 报文采用直接连接方式发送的是（　　）。（难易度：中）
A. 开关状态　　　B. 低气压闭锁重合闸　C. 失灵　　　　D. 远跳
【参考答案】A

99. GOOSE 报文可以在（　　）层传输。（难易度：易）
A. 站控层　　　B. 间隔层　　　C. 过程层　　　D. 以上三者
【参考答案】D

100. SV 报文可以在（　　）层传输。（难易度：易）
A. 站控层　　　B. 间隔层　　　C. 过程层　　　D. 以上三者
【参考答案】C

101. MMS 报文可以在（　　）层传输。（难易度：易）
A. 站控层　　　B. 间隔层　　　C. 过程层　　　D. 站控层和间隔层
【参考答案】D

102. 智能变电站全站通信网络采用（　　）。（难易度：易）
A. 以太网　　　B. lonworks 网　　　C. FT3　　　D. 232 串口
【参考答案】A

103. 除检修压板外，下面哪个装置可以设置硬压板（　　）。（难易度：易）
A. 保护装置　　　B. 智能终端　　　C. 合并单元　　　D. 测控装置
【参考答案】B

104. 采用 DL/T 860.92（IEC 61850-9-2）《电力自动化通信网络和系统　第 9-2 部分：特定通信服务映射（SCSM）——基于 ISO/IEC 8802-3 的采样值》协议传输 SV 报文时，传输值是（　　）。（难易度：易）
A. 一次值　　　B. 二次值　　　C. 一次或二次值　　　D. 其他
【参考答案】A

105. 下列（　　）不属于电子式互感器的优点。（难易度：易）
A. 高、低压完全隔离，具有优良的绝缘性能
B. 不含铁芯，消除了磁饱和及铁磁谐振等问题
C. 动态范围大、频率范围宽，测量精度高
D. 造价低
【参考答案】D

106. GOOSE 的 APPID 地址范围（　　）。（难易度：易）
A. 1001-1FFF　　B. 1001-2FFF　　C. 1001-3FFF　　D. 1001-4FFF
【参考答案】C

107. 智能变电站国网组网方案（　　）。（难易度：易）
A. 保护采用直采直跳，母差宜采用直采直跳，可采用直采网跳，测控采集和跳闸走

网络

B. SV 采用点对点模式，GOOSE 单独组网

C. SV 和 GOOSE 组网

D. SV、IEEE1588 和 GOOSE 三网合一

【参考答案】A

108. 智能变电站中用于进行跳闸控制的报文是（　　）。（难易度：易）

A. MMS　　　　　　B. GSGE　　　　　　C. GOOSE　　　　　　D. SV

【参考答案】C

109. 智能变电站的（　　）功能是在满足操作条件和操作顺序的前提下，自动完成一系列控制功能。（难易度：易）

A. 五防控制　　　　B. 顺序控制　　　　C. 调度控制　　　　D. 能控制

【参考答案】B

110. 相比于智能变电站，常规站有哪些不足，下面说法不正确的是（　　）。（难易度：易）

A. 信息难以共享　　　　　　　　B. 设备之间不具备互操作性

C. 系统可扩展性差　　　　　　　D. 系统可靠性不受二次电缆影响

【参考答案】D

111. 在智能变电站一体化监控系统中，GOOSE 网应用于（　　）。（难易度：易）

A. 间隔层和过程层之间的数据交换

B. 变电站层和过程层之间的数据交换

C. 间隔层和变电站层之间的数据交换

D. 间隔层和间隔层之间的数据交换

【参考答案】A

112. 国网变电站多采用（　　）方式。（难易度：易）

A. 网采网跳　　　　B. 网采直跳　　　　C. 直采网跳　　　　D. 直采直跳

【参考答案】D

113. 强智能电网的三个基本特征是（　　）。（难易度：易）

A. 信息化、自动化、可视化　　　　B. 专业化、自动化、可视化

C. 信息化、自动化、互动化　　　　D. 数字化、集成化、互动化

【参考答案】C

114. 用于检同期的母线电压由母线合并单元（　　）通过间隔合并单元转接给各间隔保护装置。（难易度：易）

A. 点对点　　　　　　　　　　B. SV 网络

C. SV 和 GOOSE 共网　　　　　D. 其他

【参考答案】A

115. 智能变电站三网合一技术是指：GOOSE、（　　）和 1588 等三个技术融合在一个共享的以太网中。（难易度：易）

A. MMS　　　　B. WebServers　　　　C. NTP　　　　D. SV

【参考答案】D

116. 当合并单元检修压板投入时，SV9 - 2 报文中的（   ）状态标志应变位。（难易度：易）

A. 测试   B. 无效   C. 同步   D. 唤醒

【参考答案】A

117. 智能变电站的信息模型标准是（   ）。（难易度：易）

A. IEC 61850   B. IEC 61970   C. IEC 60870   D. IEC 62320

【参考答案】A

118. （   ）属于电子互感器标准，其传输方式为点对点串行通信，优点是收发实时性高，传输时延一致。（难易度：易）

A. IEC 60044 - 8   B. IEC 61850 - 9 - 1

C. IEC 61850 - 9 - 2   D. IEC 1588

【参考答案】A

119. 作为系统集成商，在配置变电站 SCD 文件时，需要相关厂家提供的文件是（   ）。（难易度：易）

A. CID   B. ICD   C. CFG   D. GSE. XML

【参考答案】B

120. 不能作为同步方案的是（   ）。（难易度：易）

A. 1PPS   B. 光纤 B 码   C. 1588 同步   D. SNTP

【参考答案】D

121. 下列不属于过程层的设备有（   ）。（难易度：易）

A. 测控装置   B. 合并单元

C. 智能终端   D. 电子式互感器

【参考答案】A

122. （   ）是全数字化保护系统中的关键环节。（难易度：易）

A. 时钟同步   B. 数字化   C. 全球化   D. 同步化

【参考答案】A

123. （   ）是指唤醒电子式电流互感器所需的最小一次电流的方均根值。（难易度：中）

A. 启动电流   B. 唤醒电流   C. 误差电流   D. 方均根电流

【参考答案】B

124. "远方修改定值软压板"（   ）修改。（难易度：易）

A. 可远方在线   B. 只能在本地

C. 既可在远方在线修改，也可在本地修改   D. 不可

【参考答案】B

125. 110kV 智能终端的配置原则为（   ）。（难易度：易）

A. 所有间隔均采用单套配置

B. 所有间隔均采用双重化配置

C. 除主变压器间隔双重化配置外，其余间隔均为单套配置

D. 除母线间隔双重化配置外，其余间隔均为单套配置

【参考答案】C

126. GOOSE 中文描述是（　　）。（难易度：易）

A. 抽象通信服务接口　　　　　　　B. 面向通用对象的变电站事件

C. 制造报文规范　　　　　　　　　D. 特定通信服务映射

【参考答案】B

127. IEC 61850 标准中，不同功能约束代表不同的类型，CO 代表（　　）。（难易度：易）

A. 状态信息　　　B. 测量值　　　C. 控制　　　D. 定值组

【参考答案】C

128. IEC 61850 标准中，不同功能约束代表不同的类型，MX 代表（　　）。（难易度：易）

A. 状态信息　　　B. 测量值　　　C. 控制　　　D. 定值组

【参考答案】B

129. IEC 61850 标准中，不同功能约束代表不同的类型，SG 代表（　　）。（难易度：易）

A. 状态信息　　　B. 测量值　　　C. 控制　　　D. 定值组

【参考答案】D

130. IEC 61850 标准中，不同功能约束代表不同的类型，ST 代表（　　）。（难易度：易）

A. 状态信息　　　B. 测量值　　　C. 控制　　　D. 定值组

【参考答案】A

131. LN 是指（　　）。（难易度：易）

A. 逻辑设备　　　B. 逻辑节点　　　C. 数据对象　　　D. 数据属性

【参考答案】B

二、多选题

1. 智能变电站辅助控制系统包括（　　）、给排水、照明、门禁等辅助子系统。（难易度：中）

A. 图像监控及安全警卫　　　　　　B. 环境监测

C. 火灾报警　　　　　　　　　　　D. 采暖通风

【参考答案】ABCD

2. 最新设计规定，智能化保护 GOOSE 接收软压板一般设置在（　　）装置，其他均不设置 GOOSE 接收软压板。（难易度：中）

A. 母差保护　　　　　　　　　　　B. 线路保护

C. 主变压器保护　　　　　　　　　D. 失灵保护

【参考答案】AC

3. 智能变电站防误闭锁系统可由以下部分组成（　　）。（难易度：中）

A. 间隔层五防逻辑联锁　　　　　　　B. 站控层五防逻辑联锁

C. 独立式防误闭锁　　　　　　　　　　D. 设备电气逻辑闭锁和机械闭锁

【参考答案】ABCD

4. 智能变电站爱用电子式互感器的优点是（　　　）。（难易度：易）

A. 无 TA 饱和、开路问题　　　　　　　B. YV 短路铁磁谐振问题

C. 绝缘结构简单、干式绝缘　　　　　　D. 免维护

【参考答案】ABCD

5. 智能变电站设备应具有的主要技术特征是（　　　）。（难易度：易）

A. 信息数字化　　　　B. 结构紧凑化　　　　C. 功能集成化　　　　D. 状态可视化

【参考答案】ABCD

6. 保护电压采样无效对光纤纵差线路保护的影响有（　　　）。（难易度：中）

A. 闭锁所有保护　　　　　　　　　　　B. 闭锁与电压相关的保护

C. 对电流保护没影响　　　　　　　　　D. 自动投入 TV 断线过流

【参考答案】BD

7. 智能终端的基本功能是（　　　）。（难易度：易）

A. 执行 GOOSE 控制或跳闸命令　　　　B. 上送 GOOSE 遥信

C. 环境温湿度采集并 GOOSE 上送　　　D. 交流采样

【参考答案】ABC

8. 智能变电站相比常规变电站有如下优势（　　　）。（难易度：易）

A. 运行效率更高　　　B. 集成度更高　　　C. 交互性更好　　　　D. 可靠性更高

【参考答案】ABCD

9. 如下关于智能变电站与常规变电站说法正确的是（　　　）。（难易度：易）

A. 保护压板操作方式相同　　　　　　　B. 倒闸操作主要步骤基本相同

C. GIS 是智能变电站　　　　　　　　　D. 保护压板操作方式不同

【参考答案】BD

10. 在智能变电站过程层使用到的网络有（　　　）。（难易度：易）

A. MMS 网　　　　　　B. GOOSE 网　　　　C. SV 网　　　　　　D. SNTP 网 BC

【参考答案】ABC

11. 智能变电站中的 GOOSE 出口软压板，代替的是常规站保护中的（　　　）。（难易度：易）

A. 控制字　　　　　　　　　　　　　　B. 装置中的软压板

C. 跳闸出口硬压板　　　　　　　　　　D. 合闸出口硬压板

【参考答案】CD

12. 合并单元的主要功能包括（　　　）。（难易度：易）

A. 对采样值进行合并　　　　　　　　　B. 对采样值进行同步

C. 采样值数据的分发　　　　　　　　　D. 开关遥控

【参考答案】ABC

13. 与传统电磁感应式互感器相比，电子式互感器具有优点有（　　　）。（难易

度：中）

A. 高、低压完全隔离，具有优良的绝缘性能

B. 不含铁芯，消除了磁饱和及铁磁谐振等问题

C. 动态范围大，频率范围宽，测量精度高

D. 抗电磁干扰性能好，低压侧无开路和短路危险

【参考答案】ABCD

14. 按被测参量类型分，电子式互感器分为（　　）。（难易度：易）

A. 电子式电流互感器（ECT）　　　　B. 电子式电压互感器（EVT）

C. 无源式电子式互感器　　　　　　　D. 有源式电子式互感器

【参考答案】AB

15. 按照高压侧是否需要供能，电子式互感器分为（　　）。（难易度：易）

A. 电子式电流互感器（ECT）　　　　B. 电子式电压互感器（EVT）

C. 无源式电子式互感器　　　　　　　D. 有源式电子式互感器

【参考答案】CD

16. 在智能变电站的网络系统中，站控层网络可采用（　　）网络结构。（难易度：中）

A. 总线型　　　　B. 星型　　　　C. 环型　　　　D. 双星型

【参考答案】ABC

17. 在智能变电站的网络系统中，过程层网络可采用（　　）结构。（难易度：中）

A. 总线型　　　　B. 星型　　　　C. 环型　　　　D. 双星型

【参考答案】CD

18. 时间同步系统可以输出（　　）等信号。（难易度：中）

A. SNTP　　　　　　　　　　B. IRIG-B（DC）（串行时间B码）

C. 1PPS（秒脉冲）　　　　　D. IEC 61588

【参考答案】ABC

19. 间隔层、过程层设备采用（　　）、（　　）对时方式，条件具备时也可以采（　　）网络对时。（难易度：难）

A. SNTP　　　　　　　　　　B. IRIG-B（DC）（串行时间B码）

C. 1PPS（秒脉冲）　　　　　D. IEC 61588

【参考答案】BCD

20. 智能变电站"三层两网"结构中"三层"指的是（　　）。（难易度：易）

A. 站控层　　　　B. 间隔层　　　　C. 过程层　　　　D. 设备层

【参考答案】ABC

21. 智能变电站是指采用先进、可靠、集成、低碳、环保的智能设备，以（　　）为基本要求，自动完成信息采集、测量、控制、保护、计量和监测等基本功能，并可根据需要支持电网实时自动控制、智能调节、在线分析决策、协同互动等高级功能的变电站。（难易度：中）

A. 全站信息数字化　　　　　　　　B. 通信平台网络化

C. 信息共享标准化　　　　　　　　D. 高级应用互动化

【参考答案】ABC

22. MMS 协议可以完成下述（　　　）功能。（难易度：中）

A. 保护跳闸　　　　B. 定值管理　　　　C. 控制　　　　D. 故障报告上送

【参考答案】BCD

23. 以下属于智能化高压设备技术特征的是（　　　）。（难易度：易）

A. 测量数字化　　　B. 控制网络化　　　C. 功能标准化　　　D. 信息互动化

【参考答案】ABD

24. 下列选项中属于智能变电站涉及的技术领域的是（　　　）。（难易度：中）

A. 变电站信息采集技术　　　　　　　B. 实时监测技术

C. 状态诊断技术　　　　　　　　　　D. 自适应/自优化保护技术

【参考答案】ABCD

25. 过程层网络实现（　　　）的数据通信。（难易度：中）

A. 间隔层与过程层　　　　　　　　　B. 间隔层设备之间

C. 过程层设备之间　　　　　　　　　D. 间隔层和站控层

【参考答案】ABC

26. 智能终端除具备执行跳合闸命令、传输断路器位置信号等功能外，还应具备
（　　　）功能。（难易度：中）

A. 智能组件　　　　B. 防跳　　　　　　C. 对时　　　　D. 事件报文记录

【参考答案】CD

27. 智能变电站通信网络的基本要求是（　　　）。（难易度：中）

A. 应具备网络风暴抑制功能，网络设备局部故障不应导致系统性问题

B. 应具备方便的配置向导进行网络配置、监视和维护

C. 应具备对网络所有节点的工况监视和报警功能

D. 宜具备 DOS 防御能力和抑制病毒传播的能力

【参考答案】ABCD

28. 下面（　　　）设备属于过程层。（难易度：中）

A. 远动机　　　　　　　　　　　　　B. 监控主机

C. 电流/电压互感器　　　　　　　　　D. 合并单元及数据采集器

【参考答案】CD

29. 下面（　　　）设备属于站控层。（难易度：易）

A. 自动化站级监控系统　　　　　　　B. 站域控制

C. 通信系统　　　　　　　　　　　　D. 对时系统

【参考答案】ABCD

30. 可通过 GOOSE 报文传递的应用数据包括（　　　）。（难易度：易）

A. 交流采样值　　　B. 直流/温度值　　　C. 挡位信息　　　D. 开关量

【参考答案】BCD

31. 下述可作为 GOOSE 传输的介质有（　　　）。（难易度：易）

A. 光纤　　　　　　B. 以太网双绞线　　C. 485 总线　　　　D. 输电线

【参考答案】AB

32. 智能变电站一体化监控系统集成了（　　　）功能。（难易度：中）

A. 运行监视　　　　B. 一体化电源　　　C. 操作与控制　　　D. 辅助应用

【参考答案】ACD

33. 以下（　　　）技术的运用属于智能变电站的系统特征。（难易度：中）

A. 数字采样　　　　B. 同步　　　　　　C. 智能传感　　　　D. 信息共享

【参考答案】ABCD

34. 以下关于合并单元的描述正确的是（　　　）。（难易度：中）

A. 属于间隔层设备

B. 用于对来自二次转换器的电流或电压数据进行时间相关组合的物理单元

C. 该设备可以为互感器的一个组成件，也可是一个独立单元

D. 以上都是

【参考答案】BC

35. "直采直跳"指的是（　　　）信息通过点对点光纤进行传输。（难易度：易）

A. 跳、合闸信号　　　　　　　　　B. 启动失灵保护信号

C. 保护远跳信号　　　　　　　　　D. 电流、电压数据

【参考答案】AD

36. 以下关于全站系统配置文件 SCD 的说法正确的有（　　　）。（难易度：中）

A. 全站唯一

B. 该文件描述所有 IED 的实例配置和通信参数、IED 之间的通信配置以及变电站一次系统结构

C. 由系统集成厂商完成

D. SCD 文件应包含版本修改信息，明确描述修改时间、修改版本号等内容

【参考答案】ABCD

37. 对于变压器保护配置，下述说法正确的是（　　　）。（难易度：中）

A. 110kV 变压器电量保护宜按双套配置，双套配置时应采用主、后备保护一体化配置

B. 变压器非电量保护应采用 GOOSE 光缆直接跳闸

C. 变压器保护直接采样，直接跳各侧断路器

D. 变压器保护跳母联、分段断路器及闭锁备自投、启动失灵等可采用 GOOSE 网络传输

【参考答案】ACD

38. 时间同步系统的组成方式有（　　　）。（难易度：难）

A. 基本式　　　　　B. 主主式　　　　　C. 主从式　　　　　D. 主备式

【参考答案】ACD

39. 智能变电站一体化监控系统应采用（　　　）操作系统。（难易度：易）

A. Windows　　　　B. DOS　　　　　　C. Linux　　　　　　D. Unix

【参考答案】CD

40. 智能变电站的基本要求是（   ）。（难易度：易）

A. 全站信息数字化   B. 通信平台网络化

C. 信息共享标准化   D. 功能实现集约化

【参考答案】ABC

41. 合并单元可接入信号有（   ）。（难易度：易）

A. 电子式互感器输出的数字采样值   B. 智能化一次设备的开关信号

C. 传统互感器的模拟信号   D. 光纤对时信号

【参考答案】ABCD

42. 智能变电站配置文件包括（   ）。（难易度：易）

A. SCD 文件   B. ICD 文件   C. CID 文件   D. SSD 文件

【参考答案】ABCD

43. 智能变电站的防误闭锁宜分为（   ）三个层次。（难易度：易）

A. 站控层闭锁   B. 间隔层联闭锁

C. 独立五防系统闭锁   D. 机构电气闭锁

【参考答案】ABD

三、判断题

1. 智能变电站母线保护按双重化进行配置。各间隔合并单元、智能终端均采用双重化配置。（难易度：易）

【参考答案】正确

2. GOOSE 报文只能用于传输开关跳闸、开关位置等单位置遥信或双位置遥信。（难易度：易）

【参考答案】错误

3. SV 主要用于实现在多 IED 之间的信息传递，包括传输跳合闸信号，具有高传输成功概率。（难易度：中）

【参考答案】错误

4. SV 报文中可以同时传输单位置遥信、双位置遥信及测量值等信息。（难易度：中）

【参考答案】正确

5. 过程层包括变压器、断路器、隔离开关、电流/电压互感器等一次设备及其所属的智能组件以及独立的智能电子设备。（难易度：易）

【参考答案】正确

6. 智能高压设备是二次设备和智能组件的有机结合体。（难易度：易）

【参考答案】错误

7. 在智能变电站中，时钟同步是提高综合自动化水平的必要技术手段，是保证网络采样同步的基础，为系统故障分析和处理提供准确的时间依据。（难易度：易）

【参考答案】正确

8. 与传统电磁感应式互感器相比，电子式互感器不含铁芯，消除了磁饱和及铁磁谐振等问题。（难易度：易）

【参考答案】正确

9. 直接跳闸是指智能电子设备（IED）间不经过以太网交换机而以点对点连接方式直接进行跳合闸信号的传输。（难易度：易）

【参考答案】正确

10. 智能终端与一次设备采用电缆连接，与保护、测控等二次设备采用光纤连接，实现对一次设备（如断路器、隔离开关、主变压器等）的测量、控制等功能。（难易度：易）

【参考答案】正确

11. 智能变电站和常规站相比，可以节省大量电缆。（难易度：易）

【参考答案】正确

12. 智能变电站必须采用电子互感器。（难易度：易）

【参考答案】错误

13. 110kV 及以下电压等级宜采用保护测控一体化设备。（难易度：易）

【参考答案】正确

14. 间隔层包括变压器、断路器、隔离开关、电流/电压互感器等一次设备及其所属的智能组件以及独立的智能电子设备。（难易度：易）

【参考答案】错误

15. SV 全称是采样值，基于客户/服务模式。（难易度：易）

【参考答案】错误

16. 电子式互感器是一种装置，由连接到传输系统和二次转换器的一个或多个电流（或电压）传感器组成，用于传输正比于被测量的量，以供给测量仪器、仪表、继电保护或控制装置。（难易度：易）

【参考答案】正确

17. SV 传输标准 IEC 61850 - 9 - 2 只能用于网络传输采样值。（难易度：易）

【参考答案】错误

18. SV 传输标准 IEC 61850 - 9 - 2 自由定义通道数目，最多可配置 22 个通道。（难易度：易）

【参考答案】正确

19. 智能高压设备是一次设备和智能组件的有机结合体。（难易度：易）

【参考答案】正确

20. 智能变电站网络设备包括站控层和间隔层网络的通信介质、通信接口、网络交换机、网络通信记录分析系统等，双重化布置的网络应采用两个不同回路的直流电源供电。（难易度：易）

【参考答案】正确

21. 智能变电站的二次电压并列功能在母线合并单元中实现。（难易度：易）

【参考答案】正确

22. GOOSE 跳闸必须采用点对点直接跳闸方式。（难易度：易）

【参考答案】错误

23. MMS 报文用于过程层状态信息的交换。（难易度：易）

【参考答案】错误

24. GOOSE 报文用于过程层采样信息的交换。（难易度：易）

【参考答案】错误

25. GOOSE 变位时为实现可靠传输，采用连续多次传送的方式。（难易度：易）

【参考答案】正确

26. 跳合闸信息、断路器位置信息都可以通过 GOOSE 传递。（难易度：易）

【参考答案】正确

27. 智能变电站必须采用合并单元。（难易度：易）

【参考答案】错误

28. 当合并单元的检修压板投入时，其发出的 SV 报文中的"Test"位应置"0"；当检修压板退出时，SV 报文中的"Test"位应置"1"。（难易度：中）

【参考答案】错误

29. 录波及网络报文记录分析装置采样值传输应采用点对点方式。（难易度：易）

【参考答案】错误

30. GOOSE 通信是通过重发相同数据来获得额外的可靠性。（难易度：难）

【参考答案】正确

31. 支持过程层的间隔层设备，对上与站控层设备通信，对下与过程层设备通信，可采用 1 个访问点分别与站控层、过程层 GOOSE、过程层 SV 进行通信。（难易度：难）

【参考答案】错误

32. 合并单元采样的同步误差应不大于±1ms。（难易度：易）

【参考答案】正确

33. 在发生网络风暴时，智能终端不应误响应和误动作。（难易度：易）

【参考答案】正确

34. GOOSE 报文在以太网中通过 TCP/IP 协议进行传输。（难易度：易）

【参考答案】错误

35. GOOSE 报文中可以同时传输单位置遥信、双位置遥信及测量值等信息。（难易度：易）

【参考答案】正确

36. 虚端子解决了数字化变电站保护装置 GOOSE 信息无触点、无端子、无接线等问题。（难易度：易）

【参考答案】正确

37. 智能变电站必须有站控层网络。（难易度：易）

【参考答案】正确

38. 智能变电站中测控装置之间的联闭锁信息采用 MMS 报文。（难易度：易）

【参考答案】错误

39. 智能变电站的站控层网络中用于"四遥"量传输的是 GOOSE 报文。（难易度：易）

【参考答案】错误

40. 保护采用网络采样方式时,在合并单元环节完成同步。(难易度:中)

【参考答案】正确

41. 220kV GOOSE 网络宜采用双环网结构。(难易度:中)

【参考答案】错误

42. 双重化的两套保护应采用两根独立的光缆。(难易度:易)

【参考答案】正确

43. GOOSE 报文可以传输电流、电压采样值数据,设备温、湿度数据等。(难易度:易)

【参考答案】错误

44. 过程层网络和站控层网络可合并组网。(难易度:易)

【参考答案】错误

45. 110kV 变电站的 110kV 间隔层设备布置在配电室时,过程层 SV、GOOSE 均采用点对点方式。(难易度:中)

【参考答案】正确

46. MMS 报文在以太网中通过 TCP/IP 协议进行传输。(难易度:难)

【参考答案】正确

47. 与传统电磁式互感器相比,电子式互感器动态范围大,频率范围宽。(难易度:易)

【参考答案】正确

48. 传统电磁式互感器比电子式互感器抗电磁干扰性能好。(难易度:易)

【参考答案】错误

49. 对于采样值网络,每个交换机端口与装置之间的流量不宜大于 40Mbit/s。(难易度:易)

【参考答案】正确

50. 合并单元采样值发送间隔离散值应小于 $20\mu s$,从而满足继电保护要求。(难易度:易)

【参考答案】错误

51. 智能变电站一体化监控系统中,根据数据通信网关机的分类,可将全站分为安全 I 区、安全 II 区、安全 III/IV 区等几个分区。(难易度:中)

【参考答案】错误

52. IEC 61850 系列标准是一个开放的标准,基于已公开的 IEC/IEEE/ISO/OSI 的通信标准。(难易度:易)

【参考答案】正确

53. IEC 61850 系列标准采用 MMS 作为应用层协议,支持自我描述,在线读取/修改参数和配置,不可采用其他应用层协议。(难易度:中)

【参考答案】错误

54. 若保护配置双重化,保护配置的接收采样值控制块的所有合并单元也应双重化。(难易度:中)

【参考答案】正确

55．IEC 61850 系列标准中规定了站内网络拓扑结构采用星型方式。（难易度：中）

【参考答案】错误

56．采用双重化通信网络的情况下，两个网络发送的 GOOSE 报文的多播地址、APPID 必须不同，以体现冗余要求。（难易度：难）

【参考答案】错误

57．IEC 61850-9-2 采样值都是以一次值传输的，因此合并单元和保护中并不需要设置互感器变比。（难易度：易）

【参考答案】错误

58．GOOSE 报文心跳间隔由 GOOSE 网信通信参数中的 MaxTime（即 T0）设置。（难易度：中）

【参考答案】正确

59．交换机的转发方式有存储转发、直通式转发等，存储转发方式对数据帧进行校验，任何错误帧都被丢弃，直通式转发不对数据帧进行校验，因而转发速度快于存储转发。（难易度：难）

【参考答案】正确

60．交换机的一个端口不可以同时属于多个 VLAN。（难易度：易）

【参考答案】错误

61．变电站应按双重化要求配置两套时间同步系统，以提高时间同步系统的可靠性。（难易度：中）

【参考答案】错误

62．配置描述语言 SCL 基于可扩展标记语言 XML 定义。（难易度：易）

【参考答案】正确

63．当交换机用于传输 SV 或 GOOSE 等可靠性要求较高的信息时应采用光接口。（难易度：中）

【参考答案】正确

64．一个物理设备应有一个域代表 MMS 虚拟制造设备（MMS VMD）的物理资源。这个域应至少包含两个 LLN0 和 LPHD 逻辑节点。（难易度：中）

【参考答案】错误

65．GOOSE 通信的重传序列中，每个报文都带有允许生存时间常数，用于通知接收方等待下一次重传的最大时间。如果在该时间间隔中没有收到新报文，接收方将认为关联丢失。（难易度：中）

【参考答案】正确

66．电子式电压互感器的复合误差不大于 5P 级要求。（难易度：易）

【参考答案】错误

67．合并单元采样值发送间隔离散值应小于 $10\mu s$；智能终端的动作时间应不大于 10ms。（难易度：易）

【参考答案】错误

68. 智能变电站要求光波长 1310nm 光纤的光纤发送功率为 $-20 \sim -14$ dBm，光接收灵敏度为 $-31 \sim -14$ dBm。（难易度：易）

【参考答案】正确

69. 电子式电流互感器和电压互感器在技术上无法实现一体化。（难易度：易）

【参考答案】错误

70. 装置 ICD 文件中应预先定义统一名称的数据集，装置制造厂商不应预先配置数据集中的数据。（难易度：中）

【参考答案】错误

71. MMS 报文采用发布/订阅的传输机制。（难易度：易）

【参考答案】错误

72. 间隔层设备宜采用 IRIG - B、SNTP 对时方式。（难易度：中）

【参考答案】错误

73. 遥测类报告控制块使用有缓冲报告控制块类型，报告控制块名称以 brcb 开头。（难易度：易）

【参考答案】错误

74. 遥信、告警类报告控制块为无缓冲报告控制块类型，报告控制块名称以 urcb 开头。（难易度：易）

【参考答案】错误

75. 装置站控层访问点 MMS 及过程层 GOOSE 和 SV 访问点均应支持取代服务，以满足调试的需求。（难易度：难）

【参考答案】错误

76. 保护装置可通过在 ICD 文件中支持多个 AccessPoint 的方式支持多个独立的 GOOSE 网络。（难易度：难）

【参考答案】正确

77. IED 配置工具应支持从 SCD 文件自动导出相关 CID 文件和 IED 过程层虚端子配置文件，这两种文件不可分开下装。（难易度：难）

【参考答案】错误

78. 涉及多个时限、动作定值相同且有独立的保护动作信号的保护功能，应按照面向对象的概念划分成多个相同类型的逻辑节点，动作定值只在第一个时限的实例中映射。（难易度：难）

【参考答案】正确

79. 合并单元输出数据极性应与互感器一次极性一致。间隔层装置如需要反极性输入采样值时，应建立负极性 SV 输入虚端子模型。（难易度：难）

【参考答案】正确

80. 智能终端动作时间不大于 7ms（包含出口继电器的时间）。（难易度：易）

【参考答案】正确

81. 网络通信介质宜采用多模光缆，波长 1310nm 或 850nm，宜统一采用 ST 型接口。（难易度：易）

【参考答案】正确

82. 智能终端装置的 SOE 分辨率应小于 2ms。(难易度：易)

【参考答案】正确

83. 智能终端应提供方便、可靠的调试工具与手段，以满足网络化在线调试的需要。(难易度：易)

【参考答案】正确

84. 智能变电站过程层组网使用 VLAN 划分可以降低交换机负荷，限制组播报文。(难易度：中)

【参考答案】正确

85. 采用双重化 MMS 通信网络的情况下，双重化网络的 IP 地址可以属于同一个网段。(难易度：中)

【参考答案】错误

86. 智能变电站站控层系统宜统一组网，IP 地址统一分配，网络冗余方式宜符合 IEC 61499 及 IEC 62439 的要求。(难易度：中)

【参考答案】正确

87. 在智能变电站中，MMS 报文主要为低速报文，GOOSE 报文主要为快速报文和中速报文。(难易度：中)

【参考答案】错误

88. 站控层 MMS 网络一般传输 SV 采样的有效值。(难易度：中)

【参考答案】错误

89. 继电保护装置采用双重化配置时，对应的过程层网络亦应双重化配置，第一套保护接入 A 网，第二套保护接入 B 网。(难易度：中)

【参考答案】正确

90. 保护装置内部 MMS 接口、GOOSE 接口、SV 接口宜采用相互独立的数据接口控制器接入网络。(难易度：中)

【参考答案】错误

91. 继电保护与故障录波器不应共用站控层网络上送信息。(难易度：中)

【参考答案】错误

92. 继电保护设备与本间隔智能终端之间通信应采用 GOOSE 点对点通信方式。(难易度：中)

【参考答案】正确

93. 故障录波器和网络报文记录分析装置应具有 MMS 接口，装置相关信息经 MMS 接口直接上送过程层。(难易度：易)

【参考答案】错误

94. ACSI 模型中的通信服务中主要分为 2 类，一类为客户机/服务器模式，一类发布者/订阅者交换模式，诸如控制、读写数值等服务。(难易度：中)

【参考答案】错误

95. 网络结构上看总线结构传输速度慢，从总线一侧到另一侧需要经过多级交换机，

影响传输速度，网络效率和传输性能不高。（难易度：中）

【参考答案】正确

96．网络结构上看星型结构报文延时不固定。（难易度：中）

【参考答案】错误

97．网络流量测试主要是考察智能变电站过程层、间隔层以及站控层三者之间级联后整个通信网络的吞吐量、时延、帧丢失率等性能测试。（难易度：难）

【参考答案】正确

98．GMRP组播注册协议可实现IED和交换机的互动，由交换机告诉IED装置需要接收到的组播地址，避免了交换机的维护工作，解决了人工配制带来的问题。（难易度：中）

【参考答案】错误

99．帧交换技术是目前应用最广泛的局域网交换技术，通过对传统传输媒介进行微分段，提供串行传输技术，以减少冲突域获得高的带宽。（难易度：中）

【参考答案】错误

100．交换机能够凭借每块网卡的物理地址，即MAC地址，识别连接的每台设备，具有MAC地址学习能力，形成一个节点与MAC地址的对应表。（难易度：中）

【参考答案】正确

101．网络报文记录分析系统应能对GOOSE报文、SV报文进行在线实时分析，并实时告警，能查询历史报告，并与离线分析关联进行报文详细分析。（难易度：易）

【参考答案】正确

102．远动装置应具备与调度中心和站内GPS系统对时的功能。（难易度：易）

【参考答案】正确

103．ICD文件由系统集成厂商提供，该文件描述IED提供的基本数据模型及服务，但不包含IED实例名称和通信参数。（难易度：易）

【参考答案】错误

104．CID文件由装置厂商提供给系统集成厂商，该文件描述IED提供的基本数据模型及服务，但不包含IED实例名称和通信参数。（难易度：易）

【参考答案】错误

105．ICD文件由装置厂商提供给系统集成厂商，该文件描述IED提供的基本数据模型及服务，但不包含IED实例名称和通信参数。（难易度：易）

【参考答案】正确

106．SSD文件应全站唯一，该文件描述变电站一次系统结构以及相关联的逻辑节点，最终包含在CID文件中。（难易度：易）

【参考答案】错误

107．SCD文件应全站唯一，该文件描述所有IED的实例配置和通信参数、IED之间的通信配置以及变电站一次系统结构，由系统集成厂商完成。（难易度：易）

【参考答案】正确

108．SCD文件应包含版本修改信息，明确描述修改时间、修改版本号等内容。（难易

度：易）

【参考答案】正确

109. 一个物理设备，应建模为一个 IED 对象。该对象是一个容器，包含 server 对象，server 对象中至少包含一个 LD 对象，每个 LD 对象中至少包含 1 个 LN 对象。（难易度：中）

【参考答案】错误

110. server 对象中至少包含一个 LD 对象，每个 LD 对象中至少包含 3 个 LN 对象：LLN0、LPHD. 其他应用逻辑接点。（难易度：中）

【参考答案】正确

111. 支持过程层的间隔层设备，对上与站控层设备通信，对下与过程层设备通信，应采用 3 个不同访问点分别与站控层、过程层 GOOSE. 过程层 SV 进行通信。所有访问点，应在同一个 CID 文件中体现。（难易度：难）

【参考答案】错误

112. 分相断路器和互感器建模应分相建不同的实例。（难易度：中）

【参考答案】正确

113. 同一种保护的不同段分别建不同实例，如距离保护、零序过流保护等。（难易度：中）

【参考答案】正确

114. 采用双重化 GOOSE 通信方式的两个 GOOSE 网口报文应同时发送，除源 MAC 地址外，报文内容应完全一致，系统配置时也必须体现物理网口差异。（难易度：中）

【参考答案】错误

115. 采用双重化 GOOSE 通信方式的两个 GOOSE 网口报文应同时发送，除源 MAC 地址外，报文内容应完全一致，系统配置时不必体现物理网口差异。（难易度：中）

【参考答案】正确

116. 模拟保护装置接收 GOOSE 报文中断，GOOSE 通信中断时，保护装置接收 GOOSE 信息应保持中断前状态。（难易度：中）

【参考答案】错误

117. 间隔层设备一般指继电保护装置、系统测控装置、合并单元、监测功能组主 IED 等二次设备，实现使用一个间隔的数据并且作用于该间隔一次设备的功能，即与各种远方输入/输出、传感器和控制器通信。（难易度：中）

【参考答案】错误

118. 采用电子互感器或常规互感器就地配置合并单元，继电保护装置采用交流数字量采样的，从合并单元电缆引出端到有关继电保护装置。（难易度：易）

【参考答案】错误

四、填空题

1. 站控层由主机/和操作员站、工程师站、远动接口设备、（   ）、网络记录分析系统等装置构成，面向全变电所进行运行管理的（   ），并完成与远方控制中心、工程师站及人机界面的通信功能。（难易度：易）

【参考答案】保护及故障信息子站；中心控制层

2. 间隔层由保护、测控、计量、PMU 等装置构成，利用本间隔数据完成对本间隔设备（　　）、（　　）、（　　）和（　　）等功能。（难易度：易）

【参考答案】保护；测量；控制；计量

3. 过程层是一次设备与二次设备的结合面，主要由（　　）等自动化设备构成。（难易度：易）

【参考答案】电子式互感器、合并单元、智能终端

4.（　　）是连接站控层设备和间隔层设备、站控层内以及间隔层内不同设备的网络，并实现站控层和间隔层之间、站控层内以及间隔层内不同设备之间的信息交互。（难易度：易）

【参考答案】站控层、间隔层网络

5.（　　）是连接间隔层设备和过程层设备、间隔层内以及过程层内不同设备的网络，并实现间隔层和过程层之间、间隔层内以及过程层内不同设备之间的信息交互。（难易度：易）

【参考答案】过程层网络

6. 智能变电站的网络应采用传输速率为（　　）或更高的以太网，满足变电站数据交互的（　　）要求。（难易度：中）

【参考答案】100Mbps；实时性和可靠性

7. 智能变电站自动化系统网络在逻辑结构上可分成（　　），物理结构上宜分成站控层/间隔层网络和过程层网络。（难易度：易）

【参考答案】站控层网络、间隔层网络和过程层网络

8. 智能变电站的站控层、间隔层网络和过程层网络宜独立组网，不同网络之间应在（　　）相互独立。（难易度：易）

【参考答案】物理上

9. 智能变电站网络应具备（　　）功能、具备"（　　）"的特性，即具有一定的容错能力，（　　）故障不能影响整个网络的正常工作。（难易度：难）

【参考答案】网络风暴抑制；故障弱化；单点

10. 智能变电站网络应具备（　　）等指标的监视功能。（难易度：难）

【参考答案】通信工况、网络流量

11. 过程层网络设计必须满足 GB/T 14285 继电保护（　　）的要求。（难易度：易）

【参考答案】选择性、速动性、灵敏性、可靠性

12. 站控层、间隔层 MMS 信息主要用于间隔层设备与站控层设备间通信，应具备间隔层设备支持的全部功能，其内容应包含四遥信息及（　　）信息。（难易度：易）

【参考答案】故障录波报告

13. MMS 报文采用请求/响应、总召、（　　）、突发报告上送、文件传输等服务形式；站控层 MMS 信息应在站控层、（　　）网络传输。（难易度：易）

【参考答案】周期报告上送；间隔层

14. 智能变电站中的（　　）相当于传统变电站中的二次直流电缆，（　　）相当于常规变电站中的二次交流电缆。（难易度：易）

【参考答案】GOOSE；SV

15. 过程层 SV 信息主要用于（　　）与间隔层设备间通信，其内容应包含合并单元

与保护、测控、故障录波、PMU、电能表等装置间传输的（　　　）采样值信息。（难易度：易）

【参考答案】过程层设备；电流、电压

16. 过程层 GOOSE 信息主要用于（　　　）与间隔层设备间通信，其内容应包含（　　　）、智能终端与保护、测控、故障录波等装置间传输的各种信息。（难易度：易）

【参考答案】过程层设备；合并单元

17. 站控层/间隔层网络应满足信息传输的可靠性和（　　　），MMS 网络总传输时间应小于（　　　）。（难易度：中）

【参考答案】实时性；100ms

18. 站控层/间隔层网络在正常情况下，负荷率应低于（　　　），在事故情况下，负荷率应低于（　　　）。（难易度：难）

【参考答案】30％；50％

19. 过程层网络宜采用高可靠性的光纤以太网，过程层网络传输各种帧长的数据时，单台交换机的存储转发时间应小于（　　　）。（难易度：中）

【参考答案】10μs

20. 过程层网络采用光纤以太网时，网络接口的光发送功率应大于（　　　），网络接口的接收光功率应不小于（　　　）。（难易度：难）

【参考答案】－20dBm；－30dBm

21. 智能变电站中如果同时有多个装置在检修状态中，它们之间是可以（　　　）的。（难易度：中）

【参考答案】互相操作

22. 过程层网络设计应采用（　　　）网络拓扑结构，应根据网络的数据流量及数据流向划分（　　　），进行数据隔离。（难易度：易）

【参考答案】星型；VLAN

23. GOOSE 网络中的数据应（　　　），网络应具备优先传输的功能。（难易度：难）

【参考答案】分级

24. GOOSE. SV 接收软压板采用（　　　）建模。（难易度：难）

【参考答案】GGIO. SPCSO

25. 配置 GOOSE 时，ICD 文件中应预先定义（　　　），系统配置工具应确保 GOID. APPID 参数的唯一性。（难易度：难）

【参考答案】GOOSE 控制块

26. 采用双重化 GOOSE 通信方式的两个 GOOSE 网口报文应同时发送，除（　　　）外，报文内容应完全一致，系统配置时不必体现物理网口差异。（难易度：难）

【参考答案】源 MAC 地址

27. 当外部同步信号失去时，合并单元应该利用内部时钟进行守时。当守时精度能够满足同步要求时，采样值报文中的同步标识位"SmpSynch"应为（　　　）。当守时精度不能够满足同步要求时，采样值报文中的同步标识位"SmpSynch"应为（　　　）。（难易度：难）

【参考答案】TRUE；FALSE

28. 当装置（　　　）投入时，装置发送的 GOOSE 报文中的 test 应置位。（难易度：易）

【参考答案】检修压板

29. 修改保护定值可采用 IEC 61850 标准中的（　　　）通信服务模型。（难易度：难）

【参考答案】定值组控制块

30. 采样值传输可采用 IEC 61850 标准中的（　　　）传输模型通信服务模型。（难易度：易）

【参考答案】采样值

31. 智能化母线保护中，各支路刀闸位置是通过（　　　）进行采集。（难易度：易）

【参考答案】点对点 GOOSE 方式

32. GOOSE 的中文是（　　　）。（难易度：易）

【参考答案】通用的面向对象变电站事件

33. MMS 的中文含义是（　　　）。（难易度：易）

【参考答案】制造报文规范

34. ACSI 的中文含义是（　　　）。（难易度：易）

【参考答案】抽象通信服务

35. SCSM 的中文含义是（　　　）。（难易度：易）

【参考答案】特殊通信服务映射

36. 自动重合闸功能可由逻辑节点（　　　）来表达。（难易度：易）

【参考答案】RREC

37. 距离保护功能可由逻辑节点（　　　）来表达。（难易度：易）

【参考答案】PDIS

38. 变压器分接头位置控制可由逻辑节点（　　　）来表达。（难易度：易）

【参考答案】ATCC

39. GOOSE 报文发送采用（　　　）快速重发相结合的机制。（难易度：易）

【参考答案】心跳报文和变位报文

40. GOOSE 为保证可靠性一般重传相同的数据包若干次，在顺序传送的每帧信息中包含一个（　　　）的参数，它提示接收端接收下一帧重传数据的最大等待时间。（难易度：易）

【参考答案】允许存活时间

41. SV 的采样计数器 smpCnt 连续计数范围是（　　　）。（难易度：易）

【参考答案】0～3999

42. 当合并单元装置检修压板投入时，发送采样值报文中采样值数据品质因数 Q 的 test 应置（　　　）。（难易度：易）

【参考答案】true

43. 合并单元应具备高可靠性，所有芯片选用微功率、宽温芯片，装置 MTBF 时间大于（　　　）小时，使用寿命宜大于（　　　）年。（难易度：中）

【参考答案】50000；12

44. 合并单元装置应是（　　　）、（　　　）、插件式结构。（难易度：中）

【参考答案】模块化；标准化

45. 合并单元电源模块应为满足现场运行环境的工业级产品，电源端口必须设置（   ）或（   ）器件。（难易度：中）

【参考答案】过电压保护；浪涌保护

46. 合并单元内（   ）和（   ）应采用自然散热。（难易度：中）

【参考答案】CPU 芯片；电源功率芯片

47. 220kV 及以上电压等级的继电保护的电压（电流）采样值应分别取自相互独立的（   ）。（难易度：中）

【参考答案】合并单元

48. 合并单元的输入输出应采用光纤传输系统，兼容接口是合并单元的光纤接插件。宜采用（   ）1310nm 型光纤，ST 接口。（难易度：中）

【参考答案】多模

49. 合并单元与电子式互感器之间的数据传输协议应标准（   ）。（难易度：易）

【参考答案】统一

50. 按间隔配置的合并单元应提供足够的（   ），若本间隔的二次设备需要母线电压，还应接入来自母线电压合并单元的母线电压信号。（难易度：中）

【参考答案】输入接口

51. 母线电压应配置（   ）的母线电压合并单元。（难易度：易）

【参考答案】单独

52. 合并单元应能提供输出 IEC 61850 - 9 协议的接口及输出 IEC 60044 - 7/8 的 FT3 协议的接口，能同时满足（   ）、（   ）、（   ）、（   ）设备使用。（难易度：中）

【参考答案】保护；测控；录波；计量

53. 对于采样值（   ）的方式，合并单元应提供相应的以太网口；对于采样值（   ）的方式，合并单元应提供足够的输出接口分别对应保护、测控、录波、计量等不同的二次设备。（难易度：中）

【参考答案】组网传输；点对点传输

54. 合并单元应能接收 12 路电子式互感器的采样信号，经（   ）之后对外提供采样值数据。（难易度：中）

【参考答案】同步和合并

55. 合并单元应能够实现采集器间的（   ）功能，采样的同步误差应不大于 ± 1μs。（难易度：中）

【参考答案】采样同步

56. 合并单元与电子式互感器之间没有（   ）信号时，合并单元应具备前端采样、处理和采样传输时延的补偿功能。（难易度：中）

【参考答案】硬同步

57. 合并单元应能保证在（   ）、（   ）、（   ）、（   ）、（   ）、（   ）等情况下不误输出。（难易度：中）

【参考答案】电源中断；电压异常；采集单元异常；通信中断；通信异常；装置内部

異常

58. 合并单元应能够接收电子式互感器的（　　　），应具有完善的（　　　）。（难易度：中）

【参考答案】异常信号；自诊断功能

59. 合并单元宜具备光纤通道光强监视功能，实时监视光纤通道接收到的（　　　），并根据检测到的光强度信息，提前报警。（难易度：易）

【参考答案】光信号强度

60. 根据工程需要，合并单元可提供接收（　　　）或（　　　）输出的模拟信号的接口。（难易度：易）

【参考答案】常规互感器；模拟小信号互感器

61. 合并单元与（　　　）之间通信速度应满足最高采样率要求。（难易度：中）

【参考答案】电子式互感器

62. 合并单元应支持可配置的采样频率，采样频率应满足（　　　）、（　　　）、（　　　）、（　　　）及（　　　）等采样信号的要求。（难易度：中）

【参考答案】保护；测控；录波；计量；故障测距

63. 根据工程需要，合并单元可以（　　　），为电子式互感器采集器提供（　　　）。（难易度：中）

【参考答案】光能量形式；工作电源

64. 合并单元应提供（　　　），可以根据现场要求对所发送通道的（　　　）、（　　　）、（　　　）、（　　　）等进行配置。（难易度：中）

【参考答案】调试接口；顺序；相序；极性；比例系数

65. 合并单元应具备（　　　）接点或闭锁接点。（难易度：中）

【参考答案】报警输出

66. 合并单元发送 SV 报文功能检验中的（　　　），30 分钟内不丢帧。（难易度：中）

【参考答案】丢帧率测试

67. 智能终端具有（　　　）采集功能，输入量点数可根据工程需要灵活配置。（难易度：难）

【参考答案】开关量（DI）和模拟量（AI）

68. 智能终端开关量输入宜采用（　　　）电方式采集。（难易度：中）

【参考答案】强

69. 智能终端模拟量输入应能接收（　　　）电流量和（　　　）电压量。（难易度：中）

【参考答案】4～20mA；0～5V

70. 智能终端应具有信息转换和通信功能，支持以（　　　）方式上传一次设备的状态信息，同时接收来自二次设备的 GOOSE 下行控制命令，实现对一次设备的实时控制功能。（难易度：易）

【参考答案】GOOSE

71. 智能终端应具备（　　　）记录功能，记录收到 GOOSE 命令时刻、GOOSE 命令来源及出口动作时刻等内容，并能提供便捷的查看方法。（难易度：易）

【参考答案】GOOSE 命令

72. 智能终端应具备 GOOSE 命令记录功能，记录收到（   ）、（   ）及（   ）等内容，并能提供便捷的查看方法。（难易度：易）

【参考答案】GOOSE 命令时刻；GOOSE 命令来源；出口动作时刻

73. 智能终端应至少带有（   ）个本地通信接口（调试口）、（   ）个独立的 GOOSE 接口，并可根据工程需要增加 独立的 GOOSE 接口 。必要时还可设置 1 个独立的 MMS 接口（用于上传状态监测信息）。（难易度：易）

【参考答案】1；2

74. 智能终端 GOOSE 的单双网模式可灵活设置，宜统一采用（   ）。（难易度：易）

【参考答案】ST 型接口

75. 智能终端安装处应保留（   ）和（   ）。（难易度：易）

【参考答案】总出口压板；检修压板

76. 智能终端应有完善的闭锁告警功能，包括（   ）、（   ）、（   ）、（   ）、（   ）等信号；其中装置异常及直流消失信号在装置面板上宜直接有 LED 指示灯。（难易度：中）

【参考答案】电源中断；通信中断；通信异常；GOOSE 断链；装置内部异常

77. 智能终端应具有完善的自诊断功能，并能输出装置本身的自检信息，自检项目可包括：（   ）、（   ）、（   ）、（   ）、（   ）、（   ）等。（难易度：中）

【参考答案】出口继电器线圈自检；开入光耦自检；控制回路断线自检；断路器位置不对应自检；定值自检；程序 CRC 自检

78. 智能终端的对时精度误差应不大于（   ）。（难易度：中）

【参考答案】±1ms

79. 智能终端可具备状态监测信息采集功能，能够接收安装于一次设备和就地智能控制柜传感元件的输出信号，比如温度、湿度、压力、密度、绝缘、机械特性以及工作状态等，支持以（   ）方式上传一次设备的状态信息。（难易度：中）

【参考答案】MMS

80. 主变压器本体智能终端包含完整的本体信息交互功能（非电量动作报文、调档及测温等），并可提供用于（   ）、（   ）、（   ）等出口接点，同时还宜具备就地非电量保护功能。（难易度：难）

【参考答案】闭锁调压；启动风冷；启动充氮灭火

81. 主变压器本体智能终端宜集成非电量保护功能，由于多数非电量信号会直接启动跳闸（通过电缆直跳或 GOOSE 跳闸方式），故要求非电量信号除了采用强电采集外，还应经过大功率继电器启动，其动作功率不宜（   ），以保证信号的准确性。（难易度：易）

【参考答案】小于 5W

82. 智能变电站变压器保护的各侧"电压压板"只设（   ）。（难易度：中）

【参考答案】软压板

83. 母线保护装置涉及多个间隔，（   ）实现其保护同步功能。（难易度：中）

【参考答案】不依赖外部对时系统

84. 智能变电站保护屏功能硬压板被（ ）所取代。（难易度：易）

【参考答案】软压板

85. 保护装置采样值接口和 GOOSE 接口数量应满足工程的需要，母线保护、变压器保护在接口数量较多时宜采用（ ）。（难易度：中）

【参考答案】分布式方案

86. 智能变电站中，主变压器高中低压侧后备保护动作跳母联断路器时，采用网络（ ）方式。（难易度：中）

【参考答案】跳闸

87. 智能变电站中，主变压器本体智能终端具有（ ）及上传非电量信号的功能，非电量保护跳闸通过控制电缆直接跳闸的方式实现。（难易度：易）

【参考答案】非电量保护

88. SCL 配置文件共分为四类，分别以（ ）、（ ）、（ ）、（ ）为后缀进行区分，必须满足 SCL. xsd 的约束并且通过其校验。（难易度：易）

【参考答案】ICD；CID；SSD；SCD

89. 继电保护设备与本间隔智能终端之间通信应采用（ ）通信方式；继电保护之间的联闭锁信息、失灵启动等信息宜采用 GOOSE 网络传输方式。（难易度：易）

【参考答案】GOOSE 点对点

90. 保护装置 GOOSE 接口应同时支持（ ）与（ ）两种传输方式。（难易度：易）

【参考答案】GOOSE 点对点；GOOSE 组网

91. （ ）保护就地安装时，保护装置宜集成智能终端等功能。（难易度：易）

【参考答案】110kV 及以下

92. （ ）及以上电压等级的继电保护及与之相关的设备、网络等应按照双重化原则进行配置。（难易度：中）

【参考答案】220kV

93. 主变压器保护中断路器失灵启动、解复压闭锁、启动变压器保护联跳各侧及变压器保护跳母联（分段）信号采用（ ）方式。（难易度：易）

【参考答案】GOOSE 网络传输

五、简答题

1. Q/GDW 441—2010《智能变电站继电保护技术规范》对变压器保护的采样和跳闸方式有什么要求？（难易度：中）

【参考答案】

变压器保护直接采样，直接跳各侧断路器；变压器保护跳母联、分段断路器及闭锁备自投、启动失灵等可采用 GOOSE 网络传输。变压器保护可通过 GOOSE 网络接收失灵保护跳闸命令，并实现失灵跳变压器各侧断路器；变压器非电量保护采用就地直接电缆跳闸，信息通过本体智能终端上送过程层 GOOSE 网。

2. Q/GDW 441—2010《智能变电站继电保护技术规范》对母联（分段）保护有什么

要求？（难易度：中）

【参考答案】

（1）220kV 及以上母联（分段）断路器按双重化配置母联（分段）保护、合并单元、智能终端。

（2）母联（分段）保护跳母联（分段）断路器采用点对点直接跳闸方式；母联（分段）保护启动母线失灵可采用 GOOSE 网络传输。

3．GOOSE 报文在智能变电站中主要用以传输哪些实时数据。（难易度：易）

【参考答案】

（1）保护装置的跳、合闸命令。

（2）测控装置的遥控命令。

（3）保护装置间信息（启动失灵、闭锁重合闸、远跳等）。

（4）一次设备的遥信信号（断路器、隔离开关位置、压力等）。

（5）间隔层的联锁信息。

4．智能变电站标准化调试流程是什么？（难易度：易）

【参考答案】

（1）组态配置。

（2）系统测试。

（3）系统动模。

（4）现场调试。

（5）投产试验。

5．为什么在调度端允许进行远方投退智能保护重合闸、远方切换智能保护定值区，但不宜对智能保护其他软压板进行远方投退操作？（难易度：中）

【参考答案】

（1）重合闸功能远方投退操作中，重合闸软压板状态可以返回，保护装置充电状态可以返回，有两个不同源做对比来判断操作是否成功。

（2）定值区远方切换操作中，保护装置返送定值区号至调度端，调度端能够调取定值项，有两个不同源做对比来判断操作是否成功。

（3）对于其他软压板操作，保护装置仅能返送该软压板状态，没有可以对比的不同源信息，无法确定操作是否成功，因此不宜使用。

6．简述保护装置 GOOSE 报文检修处理机制。（难易度：易）

【参考答案】

（1）当装置检修压板投入时，装置发送的 GOOSE 报文中的 test 应置位。

（2）GOOSE 接收端装置应将接收的 GOOSE 报文中的 test 位与装置自身的检修压板状态进行比较，只有两者一致时才将信号作为有效进行处理或动作，否则丢弃。

7．简述智能变电站同步对时功能的要求。（难易度：易）

【参考答案】

（1）应建立统一的同步对时系统。全站应采用基于卫星时钟（优先采用北斗）与地面时钟互备方式获取精确时间。

（2）地面时钟系统应支持通信光传输设备提供的时钟信号。

（3）用于数据采样的同步脉冲源应全站唯一，可采用不同接口方式将同步脉冲传递到相应装置。

（4）同步脉冲源应同步于正确的精确时间秒脉冲，应不受错误的秒脉冲影响。

（5）支持网络、IRIG - B 等同步对时方式。

8．什么是虚端子？（难易度：易）

【参考答案】

描述 IED 设备的 GOOSE、SV 输入、输出信号连接点的总称、用以标识过程层、间隔层及其之间联系的二次回路信号，等同于传统变电站的屏端子。

9．简述 SV 的接收机制。（难易度：难）

【参考答案】

（1）SV 采样值报文接收方应根据收到的报文和采样值接收控制块的配置信息，判断报文配置不一致、丢帧、编码错误等异常出错情况，并给出相应报警信号。

（2）SV 采样值报文接收方应根据采样值数据对应的品质中的 validity，test 位，来判断采样数据是否有效，以及是否为检修状态下的采样数据。

（3）SV 中断后，该通道采样数据清零。

10．主变压器本体智能终端的功能是什么？（难易度：易）

【参考答案】

（1）主变压器本体智能终端包含完整的本体信息交互功能，并可提供用于闭锁调压、启动风冷、启动充氮灭火等出口功能。

（2）宜具备就地非电量保护功能，非电量保护跳闸通过控制电缆以直跳方式实现。

11．合并单元失去同步时钟后是否会影响保护功能逻辑？（难易度：中）

【参考答案】

不会，因为保护收到合并单元数据后，会自动根据合并单元额定延时进行补偿插值计算。合并单元失去时钟同步信号后，会自动从 0～3999 帧数据反复翻转，保护根据接收到的数据进行插值计算仍能满足保护正常的逻辑计算。

12．简述智能变电站继电保护"直接采样、直接跳闸"的含义。（难易度：易）

【参考答案】

"直接采样"就是智能电子设备不经过以太网交换机而以点对点光纤直联方式进行采样值（SV）的数字化采样传输。"直接跳闸"是指智能电子设备间不经过以太网交换机而以点对点光纤直联方式并用 GOOSE 进行跳合闸信号的传输。

13．简述线路间隔内保护装置与智能终端之间采用的跳闸方式、保护装置的采样传输方式以及跨间隔信息（例如启动母线保护失灵功能和母线保护动作远跳功能等）采用的传输方式。（难易度：中）

【参考答案】

保护装置与智能终端之间采用的跳闸方式为光纤 GOOSE 点对点或 GOOSE 组网；保护装置的采样传输方式为光纤点对点；跨间隔信息多为 GOOSE 组网。

14．简述智能化站双重化配置的线路间隔两套智能终端之间的联系。（难易度：易）

【参考答案】

线路间隔智能终端双重化配置，一次设备侧信号一分二分别接入两套智能终端，智能终端的开出是二合一接入设备的电气操作回路，两套智能终端相互独立运行，取或关系，一套智能终端检修或故障，不影响另一套。

15. 简述智能变电站主变压器非电量保护的跳闸模式。（难易度：易）

【参考答案】

智能变电站主变压器非电量保护一般在现场配置主变压器非电量智能终端和非电量保护装置。就地实现非电量保护，有效地减少了由于电缆的损坏或电磁干扰导致保护拒动或误动的可能性。非电量保护在就地直接采集主变压器的非电气量信号，当主变压器故障时，非电量保护通过电缆接线直接作用于主变压器各侧智能终端的"其他保护动作三相跳闸"输入端口（强电口，直接启动出口中间继电器），非电量保护装置通过光缆将非电量保护动作信号"发布"到 GOOSE 网，用于测控信号监视及录波等。

16. 简述 110kV 智能变电站中双重化配置的主变压器保护与合并单元、智能终端链接关系？（难易度：难）

【参考答案】

110kV 电压等级及以上智能变电站中主变压器保护通常双重化配置，对应的变压器各侧的合并单元和断路器智能终端也双重化配置，本体智能终端单套配置，其中第一套主变压器保护仅与各侧第一套合并单元及智能终端通过点对点方式连接，第二套主变压器保护仅各侧第二套合并单元及智能终端通过点对点方式连接，第一套与第二套间没有直接物理连接和数据交互，分别独立。

17. 双母线接线的母差保护，采用点对点连接时，哪些信号采用点对点连接的 GOOSE 传输，哪些信息采用 GOOSE 组网传输？（难易度：难）

【参考答案】

对于双母线接线的母线保护，如果采用点对点连接时，母差保护与每个间隔的智能终端有点对点物理连接通道（点对点 GOOSE 跳闸），因此跟间隔相关的开关量信息直接通过点对点连接的 GOOSE 传输，比如：线路/主变压器间隔的隔离刀闸、母联间隔的 TWJ/SHJ 等，而母差保护装置与线路保护装置、主变压器保护装置之间一般不设计点对点连接的物理通道，因此各间隔至母差保护的"启动失灵"通过 GOOSE 组网传输。

所有开关量信息均可通过 GOOSE 组网传输（所有信息均在网络上共享），为管理、运维以及可靠性的考虑，已经有链路连接的，直接走专有点对点通道，没有相互物理连接的，走网络通道。

18. 分析智能变电站断路器保护双重化配置的原因及优劣。（难易度：难）

【参考答案】

由于智能变电站 GOOSE 的 A/B 双网不能共网，双重化配置的两个过程层网络应遵循完全独立的原则。因此断路器保护随着 GOOSE 双网而双重化。断路器保护双重化后能提高保护 N+1 的可靠性，从而使断路器保护可以满足不停电检修。缺点是增加一套保护，使变电站建造费用提高，经济性下降。

19. 何为双 AD 采样？双 AD 采样的作用是什么？（难易度：易）

【参考答案】

双 AD 采样为合并单元通过两个 AD 同时采样两路数据，如一路为电流 ABC，另一路为电流 A1，电流 B1，电流 C1。两路数据同时参与逻辑运算，即相互校验。一路数据作为启动，一路作为逻辑运算。双 AD 采样的作用是使保护更加可靠，使保护不容易误出口。

20. 智能变电站二次回路实现方式及其特点是什么？（难易度：难）

【参考答案】

采用了电子式互感器的智能变电站相对于常规站，交流采样回路完全取消，因此不会出现电流回路二次开路，电压回路二次短路接地，以及由于电流互感器本身特性原因造成死区、饱和等原因导致的保护无法正确动作现象。采用了 GOOSE 报文的智能变电站相对于常规站来说，除直流电源以及一次设备与智能终端外，所有的直流电缆均取消，从工程建设方面来看，电缆的减少意味着工程建设量及成本的下降，同时电缆的减少也使得直流接地发生的概率大大降低。另外，GOOSE 报文具备实时监测功能，这也比原有电缆回路接线正确及可靠性只能通过试验来验证有明显的技术优势，方便了状态检修的开展。

21. 简述 220kV 及以上电压等级智能变电站变压器保护配置方案。（难易度：难）

【参考答案】

每台主变压器保护配置两套含有完整主、后备保护功能的变压器电量保护装置。合并单元、智能终端均应采用双套配置并分别接入保护装置，两套保护及其合并单元、智能终端在物理和保护应用上都应完全独立。非电量保护就地布置，采用直接电缆跳闸方式，动作信息通过本体智能终端上 GOOSE 网，用于测控及故障录波。

22. 简述 220kV 电压等级智能变电站线路保护配置方案。（难易度：易）

【参考答案】

每回线路应配置两套包含有完整的主、后备保护功能的线路保护装置。合并单元、智能终端均应采用双套配置，保护采用安装在线路上的 ECVT 获得电流电压。用于检同期的母线电压由母线合并单元点对点通过间隔合并单元转接给各间隔保护装置。

23. 简述智能变电站双重化保护的配置要求。（难易度：易）

【参考答案】

（1）每套完整、独立的保护装置应能处理可能发生的所有类型的故障。两套保护之间不应有任何电气联系，当一套保护异常或退出时不应影响另一套保护的运行。

（2）两套保护的电压（电流）采样值应分别取自相互独立的 MU。

（3）双重化配置的 MU 应与电子式互感器两套独立的二次采样系统一一对应。

（4）双重化配置保护使用的 GOOSE（SV）网络应遵循相互独立的原则，当一个网络异常或退出时不应影响另一个网络的运行。

（5）两套保护的跳闸回路应与两个智能终端分别一一对应；两个智能终端应与断路器的两个跳闸线圈分别一一对应。

（6）双重化的线路纵联保护应配置两套独立的通信设备（含复用光纤通道、独立纤芯、微波、载波等通道及加工设备等），两套通信设备应分别使用独立的电源。

（7）双重化的两套保护及其相关设备（电子式互感器、MU、智能终端、网络设备、跳闸线圈等）的直流电源应一一对应。

（8）双重化配置的保护应使用主、后一体化的保护装置。

24. 智能保护装置的"信号"状态，其具体含义是什么？（难易度：易）

【参考答案】

"信号"状态是指：保护交直流回路正常，主保护、后备保护及相关测控功能软压板投入，跳闸、启动失灵等 GOOSE 软压板退出，保护检修状态硬压板取下。

25. 智能保护装置的"停用"状态，其具体含义是什么？（难易度：易）

【参考答案】

"停用"状态是指：主保护、后备保护及相关测控功能软压板退出，跳闸、启动失灵等 GOOSE 软压板退出，保护检修状态硬压板放上，装置电源关闭。

26. 简述智能化保护软压板的分类。（难易度：易）

【参考答案】

软压板的设置可分为以下几类：

（1）保护功能投退软压板：实现某保护功能的完整投入或退出。

（2）定值控制软状态：标记定值、软压板的远方控制模式，如定值切换、修改等操作。

（3）SV 接收软压板：本端是否接收处理合并单元采样数据。

（4）信号复归控制：信号远方复归功能。

（5）GOOSE 软压板：实现保护装置动作输出的跳合闸信号隔离。所有保护出口端设置 GOOSE 出口软压板，母差保护失灵开入接收端增设 GOOSE 开入软压板。

（6）其他软压板：该部分压板设置有利于系统调试、故障隔离，如母差接入刀闸位置强制软压板。

27. 为什么智能变电站软压板不再作为定值整定？（难易度：易）

【参考答案】

在智能变电站中，软压板整合了传统变电站的功能软压板和出口软压板，软压板的设置应满足保护功能之间交换信号隔离的需要，检修人员及运行人员的日常工作中均会涉及修改软压板，所以不再把软压板作为定值进行管理。

28. 数字化、智能化变电站中的"三层两网"指的是什么？（难易度：易）

【参考答案】

三层：站控层、间隔层、过程层。

两网：站控层网络、过程层网络。

29. 测控装置软件记录 SOE 方式有哪些？（难易度：难）

【参考答案】

（1）状态量输入信号为硬接点时，状态量时标由本装置标注。

（2）接收 GOOSE 报文传输状态量信息时，优先采用 GOOSE 报文内状态量的时标信息。

（3）采用消抖前的时标。

30. 测控装置的联闭锁功能有哪些？（难易度：难）

【参考答案】

（1）具备存储防误闭锁逻辑功能，该规则和站控层防误闭锁逻辑规则一致。

（2）具备采集一、二次设备状态信号、动作信号和测量，并通过站控层网络采用 GOOSE 服务发送和接收相关的联闭锁信号功能。

（3）具备根据采集和通过网络接收的信号，进行防误闭锁逻辑判断功能，闭锁信号由测控装置通过过程层 GOOSE 报文输出。

（4）具备联锁、解锁切换功能，联锁、解锁切换采用硬件方式，不判断 GOOSE 上送的联锁、解锁信号。

31. 在线监测装置有哪些基本功能？（难易度：易）

【参考答案】

监测功能、数据记录功能、报警功能、自检功能、通信功能。

32. 智能变电站配置文件原则是什么？（难易度：难）

【参考答案】

配置文件管理应遵循"源端修改，过程受控"的原则，以运维单位为主体，建立智能变电站配置文件管理系统，对配置文件实施统一管理。

33. 220kV 智能变电站智能终端如何配置？（难易度：易）

【参考答案】

（1）220kV 线路、母联（分段）间隔智能终端按双重化配置；扩大内桥接线内桥间隔智能终端按双重化配置。

（2）110kV 线路、母联（分段）间隔智能终端按单套配置。

（3）35kV 及以下电压等级采用户内开关时，除变压器进线间隔外不宜配置合并单元。

（4）主变压器各侧智能终端宜冗余配置，主变压器本体智能终端宜单套配置，集成非电量保护功能。

（5）220kV、110kV 每段母线配置一套智能终端，安装在母线间隔智能控制柜。

34. 智能保护装置的"跳闸"状态，其具体含义是什么？（难易度：易）

【参考答案】

"跳闸"状态是指：保护交直流回路正常，主保护、后备保护及相关测控功能软压板投入，GOOSE 跳闸、启动失灵及 SV 接收等软压板投入，保护装置检修硬压板取下。

六、分析题

为什么智能终端发送的外部采集开关量需要带时标？（难易度：易）

【参考答案】

无论是在组网还是直采 GOOSE 信息模式下，间隔层 IED 订阅到的 GOOSE 开入量都带有了延时，该接收到的 GOOSE 变位时刻并不能真实反映外部开关量的精确变位时刻。为此，智能终端通过在发布 GOOSE 信息时携带自身时标，该时标真实反映了外部开关量的变位时刻，为故障分析提供精确的 SOE 参考。

七、画图题

1. 简述合并单元工作原理并画出工作原理图。（难易度：难）

【参考答案】

（1）合并单元采集（交流模件从互感器采集模拟量信号），合并和同步（对一次互感器传输的电气量进行处理），扩展（输出数字量给多个装置使用）。

（2）级联数字量采样通过插值对模拟量信号和数字量信号进行同步处理，消除采样传输的延时误差，消除相位误差。

（3）电压并列和切换，采集开关量（断路器、隔离刀闸位置）信号，将采样数据以 IEC 61850 - 9 - 2（9 - 1）或 IEC 60044 - 7/8（FT3）格式输出。组网模式为使不同合并单元的采样数据能够同步，需接入同步信号（GPS）。

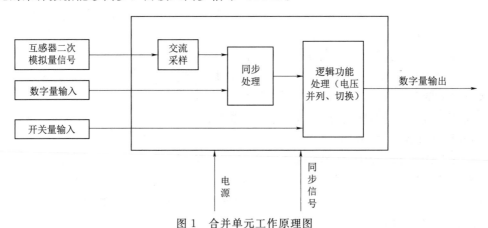

图 1　合并单元工作原理图

2. 简述智能终端工作原理并画出工作原理图。（难易度：难）

【参考答案】

智能终端通过开关量采集模块采集开关、刀闸、变压器等设备的信号量，通过模拟量小信号采集模块采集环境温湿度等直流模拟量信号，这些信号经处理后，以 GOOSE 报文形式输出。

智能终端还接收间隔层发来的 GOOSE 命令，这些命令包括保护跳合闸、闭锁重合闸、遥控开关/刀闸、遥控复归等。装置在接收到命令后执行相应操作。

同时，智能终端还具备操作箱功能，支持就地手动的开关操作。

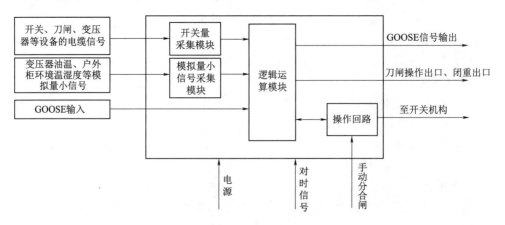

图 2　智能终端工作原理图

3. 简画出智能变电站网络结构示意图。（难易度：难）

【参考答案】

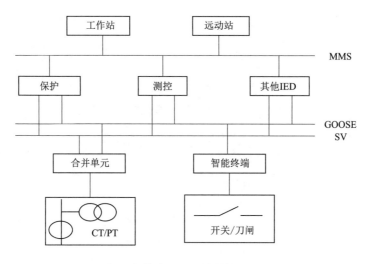

图 3 智能变电站网络结构示意图

4. 画出 110kV 三层两网结构示意图。（难易度：中）

【参考答案】

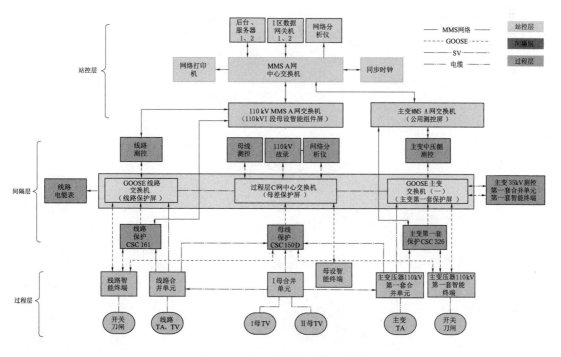

图 4 110kV 三层两网结构示意图

5. 画出电子式互感器 EVT 示意图。（难易度：易）

【参考答案】

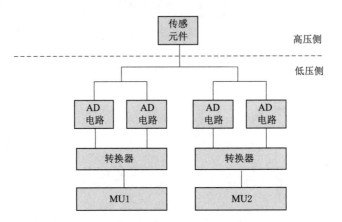

图 5　电子式互感器 EVT 示意图

第二章　智能变电站设备及原理

一、单选题

1. GOOSE 是一种面向（　　）对象的变电站事件。（难易度：易）

A. 通用　　　　　　B. 特定　　　　　　C. 智能　　　　　　D. 单一

【参考答案】A

2. （　　）及以上电压等级的继电保护及与之相关的设备、网络等应按照双重化原则进行配置。（难易度：易）

A. 110kV　　　　B. 220kV　　　　C. 450kV　　　　D. 500kV

【参考答案】B

3. 传输各种帧长的数据时交换机固有延时应（　　）。（难易度：易）

A. 小于 10μs　　B. 大于 10μs　　C. 小于 20μs　　D. 大于 20μs

【参考答案】A

4. 以下属于变电站时间同步技术的是（　　）。（难易度：中）

A. 非同步脉冲方式　　　　　　B. 复杂网络始终协议方式

C. IEC 61588 精准时间协议　　　D. 以上都是

【参考答案】C

5. 合并单元的输入由（　　）信号组成。（难易度：易）

A. 数字　　　　　B. 电子　　　　　C. 光纤　　　　　D. 卫星

【参考答案】A

6. 智能组件的通信包括（　　），均遵循 DL/T 860《变电站通信网络和系统》标准。（难易度：中）

A. 过程层网络通信和站控层网络通信

B. 间隔层网络通信和站控层网络通信

C. 过程层网络通信和间隔层网络通信

D. 间隔层、过程层网络通信和站控层网络通信

【参考答案】A

7. 变电站对时系统方案中，变电站内配置一套全站公用的时间同步系统，高精度时钟源按双重化配置，优先采用（　　）进行时钟校正。（难易度：中）

A. GPS 信号

B. 北斗系统标准授时信号

C. GPS 信号和北斗系统标准授时信号

D. 以上都不对

【参考答案】B

8. 站控层设备宜采用（　　）对时方式。（难易度：中）

A. SNTP　　　　　　　　　　　　　B. IRIG-B（DC）（串行时间 B 码）

C. 1PPS（秒脉冲）　　　　　　　　　D. IEC 61588

【参考答案】A

9. 在合并单元内对输入信号进行处理，同时合并单元通过（　　）向间隔层智能电子设备（IED）输出采样合并数据。（难易度：中）

A. 电缆　　　　B. 无线网络　　　　C. 局域网　　　　D. 光纤

【参考答案】D

10. 当交换机用于传输 SV 或 GOOSE 等可靠性要求较高的信息时应采用（　　）接口。（难易度：中）

A. 电　　　　　B. 光　　　　　C. A 和 B 均可　　　　D. A 与 B 均不可

【参考答案】B

11. 220kV 及以上电压等级的继电保护及与之相关的设备、网络等应按照双重化原则进行配置，双重化配置的继电保护的跳闸回路应与两个（　　）分别一一对应。（难易度：中）

A. 合并单元　　　　B. 网络设备　　　　C. 电子式互感器　　　D. 智能终端

【参考答案】D

12. 智能组件是由若干智能电子设备集合组成，安装于宿主设备旁，承担与宿主设备相关的（　　）等基本功能。（难易度：中）

A. 测量　　　　B. 控制　　　　C. 监测　　　　D. 以上都是

【参考答案】D

13. 主时钟应能同时接收至少两种外部基准信号，其中一种应为（　　）时间基准信号。（难易度：易）

A. 脉冲　　　　B. 电平　　　　C. 无线　　　　D. 串行口

【参考答案】C

14. 合并单元在外部同步时钟信号消失后，至少能在（　　）内继续满足 4ms 的同步精度要求。（难易度：中）

A. 2min　　　　B. 5min　　　　C. 10min　　　　D. 20min

【参考答案】C

15. 在智能变电站中，过程层网络通常（　　）实现 VLAN 划分。（难易度：中）

A. 根据交换机端口　　　　　　　　　B. 根据 MAC 地址

C. 根据网络层地址　　　　　　　　　D. 根据 IP 组播

【参考答案】A

16. 光纤弯曲曲率半径应大于光纤外直径的（　　）倍。（难易度：易）

A. 10　　　　B. 15　　　　C. 20　　　　D. 30

【参考答案】C

17. SV 的报文类型属于 （　　）。（难易度：易）

A. 原始数据报文　　B. 低速报文　　　　C. 中速报文　　　　D. 低数报文

【参考答案】A

18. 根据 Q/GDW 715《110kV～750kV 智能变电站网络报文记录分析装置通用技术规范》，网络报文分析仪的异常报文记录就地存储，存储容量不少于 （　　）条，存储方式采用双存储器双备份存储。（难易度：易）

A. 1000　　　　　　B. 1500　　　　　　C. 2000　　　　　　D. 2500

【参考答案】A

19. 根据 Q/GDW 715《110kV～750kV 智能变电站网络报文记录分析装置通用技术规范》，网络报文监测终端记录 SV 原始报文至少可以连续记录 （　　）。（难易度：易）

A. 13h　　　　　　B. 24h　　　　　　C. 48h　　　　　　D. 72h

【参考答案】B

20. 根据 Q/GDW 715《110kV～750kV 智能变电站网络报文记录分析装置通用技术规范》，网络报文监测终端记录 GOOSE、MMS 报文，至少可以连续记录 （　　）。（难易度：易）

A. 7 天　　　　　　B. 10 天　　　　　C. 14 天　　　　　D. 30 天

【参考答案】C

21. 对于 220kV 及以上变电站，宜按 （　　）设置网络配置故障录波装置和网络报文记录分析装置。（难易度：易）

A. 电压等级　　　　B. 功能　　　　　　C. 间隔　　　　　　D. 其他

【参考答案】A

22. 变压器非电量保护信息通过 （　　）上送过程层 GOOSE 网。（难易度：易）

A. 高压侧智能终端　　　　　　　　B. 中压侧智能终端

C. 低压侧智能终端　　　　　　　　D. 本体智能终端

【参考答案】D

23. SSD、SCD、ICD 和 CID 文件是智能变电站中用于配置的重要文件，在具体工程实际配置过程中的关系为 （　　）。（难易度：中）

A. SSD+ICD 生成 SCD 然后导出 CID，最后下载到装置

B. SCD+ICD 生成 SSD 然后导出 CID，最后下载到装置

C. SSD+CID 生成 SCD 然后导出 ICD，最后下载到装置

D. SSD+ICD 生成 CID 然后导出 SCD，最后下载到装置

【参考答案】A

24. 以下属于 IEC 61850 标准数据模型的是 （　　）。（难易度：中）

A. 通信信息片、物理设备、数据属性

B. 物理设备、逻辑节点、数据和数据属性

C. 逻辑设备、逻辑节点、数据和数据属性

D. PICOM、功能、数据和数据属性

【参考答案】C

25. GOOSE 对检修 TEST 位的处理机制应为 （　　）。（难易度：易）

A. 相同处理，相异丢弃　　　　　　　　B. 相异处理，相同丢弃

C. 相同、相异都处理　　　　　　　　　D. 相同、相异都丢弃

【参考答案】A

26. 合并单元的守时精度要求 10min 小于（　　）。（难易度：易）

A. ±4μs　　　　　B. ±2μs　　　　　C. ±1μs　　　　　D. ±1ms

【参考答案】A

27. 采用 IEC 61850 - 9 - 2 点对点采样模式的智能变电站，一次设备未停役，仅某支路合并单元投入检修对母线保护产生了一定影响，下列说法不正确的是（　　）。（难易度：中）

A. 闭锁差动保护　　　　　　　　　　　B. 闭锁所有支路失灵保护

C. 闭锁该支路失灵保护　　　　　　　　D. 显示无效采样值

【参考答案】B

28. 智能变电站现场调试保护遥控功能试验时应按（　　）逐一检验各软压板控制功能及图元描述正确性。（难易度：易）

A. 保护类型　　　　B. 每台保护装置　　　C. 电压等级　　　D. 间隔

【参考答案】B

29. 智能终端的动作时间应不大于（　　）。（难易度：易）

A. 2ms　　　　　　B. 7ms　　　　　　C. 8ms　　　　　　D. 10ms

【参考答案】B

30. 保护采用点对点直采方式，同步是在（　　）环节完成。（难易度：易）

A. 保护　　　　　　B. 合并单元　　　　C. 智能终端　　　D. 远端模块

【参考答案】A

31. 一台保护用电子式电流互感器，额定一次电流 4000A（有效值），额定输出为 SCP＝01CF H（有效值，RangFlag＝0）。对应于样本 2DF0 H 的瞬时模拟量电流值为（　　）。（难易度：难）

A. 4000A　　　　　B. 463A　　　　　C. 11760A　　　　D. 101598A

【参考答案】D

32. 根据 Q/GDW 441《智能变电站继电保护技术规范》，智能变电站单间隔保护配置要求为（　　）。（难易度：中）

A. 直采直跳　　　　B. 网采直跳　　　　C. 直采网跳　　　D. 网采网跳

【参考答案】A

33. 智能终端和常规操作箱最主要的区别是（　　）。（难易度：中）

A. 智能终端实现了开关信息的数字化和共享化

B. 智能终端为有源设备，操作箱为无源设备

C. 智能终端没有了继电器

D. 智能终端可以接收跳合闸命令

【参考答案】A

34. 智能变电站保护及安全自动装置、测控装置、智能终端、合并单元单体调试应依据（　　）进行。（难易度：中）

A. SCD 文件　　　　　B. GOOSE 报文　　　C. SV 报文　　　　　D. ICD 文件

【参考答案】A

35. 高压并联电抗器配置独立的电流互感器，主电抗器首端、末端电流互感器（　　）。（难易度：中）

A. 分别配置独立的合并单元　　　　　B. 共用 1 个独立的合并单元

C. 首端与线路电压共用合并单元　　　D. 首、末端与线路电压共用合并单元

【参考答案】B

36. 下面（　　）功能不能在合并单元中实现。（难易度：易）

A. 电压并列　　　B. 电压切换　　　C. 数据同步　　　D. GOOSE 跳闸

【参考答案】D

37. 220kV 出线若配置组合式互感器，母线合并单元除组网外，点对点接至线路合并单元主要用于（　　）。（难易度：难）

A. 线路保护重合闸检同期　　　B. 线路保护计算需要

C. 挂网测控的手合检同期　　　D. 计量用途

【参考答案】A

38. 实现电流电压数据传输的是（　　）。（难易度：易）

A. SMV　　　　　　B. GOOSE　　　　C. SMV 和 GOOSE　D. 以上都不是

【参考答案】A

39. 以下（　　）报文可以传输模拟量值。（难易度：易）

A. GOOSE　　　　　B. SV　　　　　　C. MMS　　　　　　D. 以上都是

【参考答案】D

40. 各间隔合并单元所需母线电压量通过（　　）转发。（难易度：易）

A. 交换机　　　　　　　　　　　B. 母线电压合并单元

C. 智能终端　　　　　　　　　　D. 保护装置

【参考答案】B

41. 双母双分段接线，按双重化配置（　　）台母线电压合并单元，不考虑横向并列。（难易度：中）

A. 1　　　　　　　B. 2　　　　　　　C. 3　　　　　　　D. 4

【参考答案】D

42. 合并单元数据品质位（无效、检修等）异常时，保护装置应（　　）。（难易度：中）

A. 延时闭锁可能误动的保护

B. 瞬时闭锁可能误动的保护，并且在数据恢复正常后尽快恢复被闭锁的保护

C. 瞬时闭锁可能误动的保护，并且一直闭锁

D. 不闭锁保护

【参考答案】B

43. 母线电压合并单元输出的数据无效或失步，（　　）。（难易度：中）

A. 差动保护闭锁   B. 失灵保护闭锁

C. 母联失灵保护闭锁   D. 都不闭锁

【参考答案】D

44. 主变压器或线路支路间隔合并单元检修状态与母差保护装置检修状态不一致时，母线保护装置（　　）。（难易度：中）

　　A. 闭锁

　　B. 检修状态不一致的支路不参与母线保护差流计算

　　C. 母线保护直接跳闸

　　D. 保护不做任何处理

【参考答案】A

45. 220kV 及以上变压器各侧的中性点电流、间隙电流应（　　）。（难易度：中）

　　A. 各侧配置单独的合并单元进行采集

　　B. 于相应侧的合并单元进行采集

　　C. 统一配置独立的合并单元进行采集

　　D. 其他方式

【参考答案】B

46. TV 并列、双母线电压切换功能由（　　）实现。（难易度：易）

　　A. 合并单元　　　　B. 电压切换箱　　　　C. 保护装置　　　　D. 智能终端

【参考答案】A

47. 当采用常规互感器时，合并单元应（　　）安装。（难易度：中）

　　A. 在保护小室   B. 与互感器本体集成

　　C. 集中组屏   D. 在就地智能柜

【参考答案】D

48. 智能站现场调试雪崩试验应在变电站各主要功能调试结束后，模拟电站远景建设规模的（　　）区域同时发生事故，检验继电保护动作和断路器跳闸是否延时，检查监控信号是否正确、遗漏。（难易度：中）

　　A. 10%   B. 15%   C. 20%   D. 30%

【参考答案】C

49. 保护装置在合并单元上送的数据品质位异常状态下，应（　　）闭锁可能误动的保护，（　　）告警。（难易度：中）

　　A. 瞬时；延时   B. 瞬时；瞬时   C. 延时；延时   D. 延时；瞬时

【参考答案】A

50. 变压器非电量保护采用就地直接电缆跳闸，信息通过（　　）上送过程层 GOOSE 网。（难易度：易）

　　A. 智能终端   B. 本体智能终端   C. 合并单元   D. 在线监测装置

【参考答案】B

51. 继电保护设备与本间隔智能终端之间的通信应采用（　　）通信方式。（难易度：中）

A. GOOSE 网络　　　　　　　　B. SV 网络

C. GOOSE 点对点连接　　　　　D. 直接电缆

【参考答案】C

52. 智能变电站主变压器非电量保护一般（　　），采用直接电缆跳闸方式。（难易度：易）

A. 布置在保护室　　　　　　　B. 就地布置

C. 可任意布置　　　　　　　　D. 集成在电气量保护内

【参考答案】B

53. 智能变电站双重化的线路纵联保护应配置两套独立的通信设备（含复用光纤通道、独立纤芯、微波、载波等通道及加工设备等），两套通信设备（　　）电源。（难易度：易）

A. 分别使用独立的　　　　　　B. 可共用一个

C. 只能共用一个　　　　　　　D. 可根据现场条件使用

【参考答案】A

54. 电子式电流互感器的复合误差不大于（　　）。（难易度：易）

A. 0.03　　　　B. 0.04　　　　C. 0.05　　　　D. 0.06

【参考答案】C

55. 电子式电压互感器的复合误差不大于（　　）。（难易度：易）

A. 0.03　　　　B. 0.04　　　　C. 0.05　　　　D. 0.06

【参考答案】A

56. 智能终端在接入遥信量的时候往往会做一些防抖处理，主要的目的是（　　）。（难易度：中）

A. 防止开关量来回变化

B. 防止由于开关量来回变化导致 GOOSE 报文过多引起网络拥塞

C. 为间隔层设备提前消抖

D. 防止开关跳跃

【参考答案】B

57. 5P 级电子式电流互感器在 100％In 点的测量误差限值为（　　）。（难易度：易）

A. ±0.75％　　　B. ±0.2％　　　C. ±0.35％　　　D. ±1.0％

【参考答案】D

58. 光学互感器中采用（　　）的光信号进行检测。（难易度：易）

A. 自然光　　　B. 荧光　　　C. 偏振光　　　D. X 光

【参考答案】C

59. 关于电子式互感器，下列说法错误的是（　　）。（难易度：中）

A. 有源电子式互感器利用电磁感应等原理感应被测信号

B. 无源电子式互感器利用光学原理感应被测信号

C. 所有电压等级的电子式互感器的输出均为数字信号

D. 35kV 低压电子式互感器通常输出小模拟量信号

【参考答案】C

60. 智能变电站的站控层网络中用于"四遥"量传输的是（　　）报文。（难易度：中）

A. MMS　　　　　B. GOOSE　　　　　C. SV　　　　　D. 以上都是

【参考答案】A

61. 智能变电站的过程层网络中传输的是（　　）报文。（难易度：中）

A. GOOSE　　　B. MMS＋SV　　　C. GOOSE＋SV　　　D. MMS＋GOOSE

【参考答案】C

62. 双重化配置的两套保护的电压（电流）采样值应分别取自相互独立的（　　）。（难易度：易）

A. 网络　　　　　B. 电子式互感器　　　C. 合并单元　　　D. 智能终端

【参考答案】C

63. 有源电子式电流互感器通常采用（　　）传感保护电流信号。（难易度：中）

A. LPCT 线圈　　　　　　　　　B. 空芯线圈

C. 霍尔元件　　　　　　　　　　D. 光纤传感器

【参考答案】B

64. 线路保护直接采样，直接跳断路器，可经（　　）启动断路器失灵、重合闸。（难易度：易）

A. SV 网络　　　B. GOOSE 网络　　　C. 智能终端　　　D. 站控层网络

【参考答案】B

65. 来自同一或不同制造商的两个及以上智能电子设备交换信息、使用信息以正确执行规定功能的能力，命名为（　　）（难易度：易）

A. 互操作性　　　B. 一致性　　　　　C. 可靠性　　　　　D. 正确性

【参考答案】B

66. 断路器保护跳本断路器（　　）跳闸；本断路器失灵时，经（　　）通过相邻断路器保护或母线保护跳相邻断路器。（难易度：易）

A. GOOSE 点对点；GOOSE 网络　　　B. GOOSE 网络；GOOSE 网络

C. 直接电缆；GOOSE 网络　　　　　　D. SV 网络；SV 网络

【参考答案】A

67. 站控层网络可传输（　　）报文。（难易度：易）

A. MMS、GOOSE　　　　　　　　B. MMS、SV

C. GOOSE、SV　　　　　　　　　D. MMS、GOOSE、SV

【参考答案】A

68. 智能变电站 SV 点对点连接方式且合并单元不接外同步的情况下，多间隔合并单元采样值采用（　　）实现同步。（难易度：中）

A. 采样计数器同步　　　　　　　　B. 插值同步

C. 外接同步信号同步　　　　　　　D. 不需要同步

【参考答案】B

69. 智能变电站 SV 组网连接方式且合并单元接收外同步的情况下，多间隔合并单元采样值采用（　　）实现同步。（难易度：中）

A. 采样计数器同步　　　　　　　　　　B. 插值同步

C. 外接同步信号同步　　　　　　　　　D. 不需要同步

【参考答案】A

70. 5P 和 5TPE 级电子式电流互感器在额定频率下的误差主要区别在（　　）。（难易度：中）

A. 额定一次电流下的电流误差

B. 额定一次电流下的相位误差

C. 额定准确限值一次电流下的复合误差

D. 额定准确限值条件下最大峰值瞬时误差

【参考答案】D

71. 变电站内的组网方式宜采用的形式为（　　）。（难易度：中）

A. 总线结构　　　　B. 星型结构　　　　C. 环型结构　　　　D. 树型结构

【参考答案】B

72. 关于 GOOSE，下述说法不正确的是（　　）。（难易度：中）

A. 代替了传统的智能电子设备之间硬接线的通信方式

B. 为逻辑节点间的通信提供了快速且高效可靠的方法

C. 基于发布/订阅机制基础上

D. GOOSE 报文经过 TCP/IP 协议进行传输

【参考答案】D

73. 下面（　　）不是智能终端应具备的功能。（难易度：易）

A. 接收保护跳合闸命令

B. 接收测控的手合/手分断路器命令

C. 输入断路器位置、隔离开关及接地开关位置、断路器本体信号

D. 配置液晶显示屏和指示灯位置显示和告警

【参考答案】D

74. GOOSE 网络可以交换的实时数据不包括（　　）。（难易度：易）

A. 测控装置的遥控命令　　　　　　　　B. 启动失灵、闭锁重合闸

C. 一次设备的遥信信号　　　　　　　　D. 电能表数据

【参考答案】D

75. GOOSE 报文中一般携带（　　）品质位。（难易度：易）

A. 检修　　　　B. 无效　　　　C. 取代　　　　D. 闭锁

【参考答案】A

76. 为了将过程层的 4K 采样率转换为传统保护的 1.2K 采样率，一般会使用（　　）。（难易度：中）

A. 递推法　　　　B. 递归法　　　　C. 插值法　　　　D. 迭代法

【参考答案】C

77. 智能变电站的 A/D 回路设计在（　　）。（难易度：易）

A. 保护　　　　　　　B. 测控　　　　　　C. 智能终端　　　　D. 合并单元或 ECVT

【参考答案】D

78. 采用 IEC 61850 - 9 - 2 点对点模式的智能变电站，若仅合并单元投检修将对线路差动保护产生的影响有（　　）（假定保护线路差动保护只与间隔合并单元通信）。（难易度：中）

A. 差动保护闭锁，后备保护开放　　　　B. 所有保护闭锁

C. 所有保护开放　　　　　　　　　　　D. 差动保护开放，后备保护闭锁

【参考答案】B

79. 采用 IEC 61850 - 9 - 2 点对点模式的智能变电站，若合并单元失步将对主变压器保护产生的影响有（　　）（假定主变压器为双绕组变压器，保护主变压器保护仅与高低侧合并单元通信）。（难易度：中）

A. 差动保护闭锁，后备保护开放　　　　B. 所有保护闭锁

C. 所有保护开放　　　　　　　　　　　D. 差动保护开放，后备保护闭锁

【参考答案】C

80. 采用 IEC 61850 - 9 - 2 点对点模式的智能变电站，任意侧间隙零序电流数据无效将对主变压器保护产生的影响有（　　）（假定主变压器为双绕组变压器，保护主变压器保护仅与高低侧合并单元通信）。（难易度：中）

A. 闭锁差动保护　　　　　　　　　　　B. 闭锁本侧过流保护

C. 闭锁本侧自产零序过流保护　　　　　D. 闭锁本侧间隙零序过流保护

【参考答案】D

81. 采用 IEC 61850 - 9 - 2 点对点模式的智能变电站，母线合并单元无效将对母线保护产生一定的影响，下列说法不正确的是（　　）。（难易度：难）

A. 闭锁所有保护　　　　　　　　　　　B. 不闭锁保护

C. 开放该段母线电压　　　　　　　　　D. 显示无效采样值

【参考答案】A

82. 采用 IEC 61850 - 9 - 2 点对点模式的智能变电站，若母联合并单无效将对母线保护产生一定的影响，下列说法不正确的是（　　）。（难易度：难）

A. 闭锁差动保护　　　　　　　　　　　B. 闭锁母联保护

C. 母线保护自动置互联　　　　　　　　D. 显示无效采样值

【参考答案】A

83. 当与接收线路保护检修不一致时，母差保护采集线路保护失灵开入应（　　）。（难易度：中）

A. 清 0　　　　　B. 保持前值　　　　C. 置 1　　　　D. 取反

【参考答案】A

84. 判断"GOOSE 配置不一致"的条件不包括（　　）。（难易度：中）

A. 双方收发版本不一致　　　　　　　　B. 双方收发数据集个数不一致

C. 双方收发数据类型不匹配　　　　　　D. 双方收发 APPID 不同

【参考答案】D

85. 下面说法错误的是（　　）。（难易度：中）

A. 同一间隔的保护和智能终端可以采用不同厂家的设备

B. 同一间隔的保护和合并单元可以采用不同厂家的设备

C. 同一间隔的保护和测控可以采用不同厂家的设备

D. 一条线路两端数字式的光线差动保护可以采用不同厂家的设备

【参考答案】D

86. 智能控制柜应具备温度湿度调节功能，附装空调、加热器或其他控温设备，柜内湿度应保持在（　　）以下。（难易度：易）

A. 0.7　　　　　　B. 0.8　　　　　　C. 0.9　　　　　　D. 1

【参考答案】C

87. 智能变电站保护装置一般设有（　　）硬压板。（难易度：易）

A. 远方修改定值区、装置检修　　　　B. 保护跳闸出口、装置检修

C. 保护功能投退、装置检修　　　　　D. 远方操作、装置检修

【参考答案】D

88. 保护装置应支持远方召唤至少最近（　　）次录波报告的功能。（难易度：难）

A. 5　　　　　　B. 8　　　　　　C. 10　　　　　　D. 12

【参考答案】B

89. 对于接入了两段母线电压的按间隔配置的合并单元，根据采集的双位置隔离开关信息，进行电压切换。合并单元应支持GOOSE或硬接点方式完成电压并列和切换功能。下列不属于切换逻辑的是（　　）。（难易度：难）

A. 当Ⅰ母隔离开关合位，Ⅱ母隔离开关分位时，母线电压取自Ⅰ母

B. 当Ⅰ母隔离开关分位，Ⅱ母隔离开关合位时，母线电压取自Ⅱ母

C. 当Ⅰ母隔离开关合位，Ⅱ母隔离开关合位时，理论上母线电压取Ⅰ母电压或Ⅱ母电压都可以；工程应用中一般取Ⅰ母电压，并在GOOSE报文中报同时动作信号

D. 当Ⅰ母隔离开关分位，Ⅱ母隔离开关分位时，母线电压数值为0，并在GOOSE报文中报PT断线告警信号，同时返回信号

【参考答案】D

90. 下列关于220kV及以上变压器间隙保护中间隙电流和零序电压的选取原则的描述不正确的是（　　）。（难易度：难）

A. 间隙电流取中性点间隙专用TA

B. 零序电压可选自产或外接，零序电压选外接时固定为180V，选自产时固定为120V。当选取自产时零序过压保护经电压压板，当选取外接时零序过压保护不经电压压板

C. 常规站保护零序电压宜取TV开口三角电压，受本侧"电压压板"控制

D. 由于智能变电站配置电子式互感器时无外接零序电压，因此智能变电站不设置间隙零序电压保护

【参考答案】D

91. 智能电子设备的抗干扰措施不包括（　　）。（难易度：中）

A. 接地　　　　　　B. 屏蔽　　　　　　C. 滤波　　　　　　D. 兼容

【参考答案】D

92. 双母线接线 220kV 母差保护 GOOSE 输入不包括（　　）。（难易度：易）

A. 各支路隔离开关位置开入

B. 线路支路分相和三相跳闸启动失灵开入

C. 变压器支路三相跳闸启动失灵开入

D. 分段 SHJ（手动合闸继电器）开入

【参考答案】D

93. 避雷器在线监测内容包括（　　）。（难易度：易）

A. 避雷器残压　　　B. 泄漏电流　　　　C. 动作电流　　　　D. 动作电压

【参考答案】B

94. 智能变电站中（　　）及以上电压等级继电保护系统应遵循双重化配置原则，每套保护系统装置功能独立完备、安全可靠。（难易度：易）

A. 35kV　　　　　　B. 110kV　　　　　C. 220kV　　　　　D. 500kV

【参考答案】C

95. 智能变电站中双重化配置的两套保护的跳闸回路应与两个（　　）分别一一对应。（难易度：易）

A. 合并单元　　　　　　　　　　　B. 智能终端

C. 电子式互感器　　　　　　　　　D. 过程层交换机

【参考答案】B

96. 线路保护采集智能终端的位置，当接收智能终端 GOOSE 断链后，那么位置开入应该（　　）。（难易度：难）

A. 清 0　　　　　　B. 保持前值　　　　C. 置 1　　　　　　D. 取反

【参考答案】B

97. 线路保护采集智能终端的位置，当与接收智能终端 GOOSE 检修不一致时，那么位置开入应该（　　）。（难易度：难）

A. 清 0　　　　　　B. 保持前值　　　　C. 置 1　　　　　　D. 取反

【参考答案】B

98. 线路保护采集母差远跳开入，当与接收母线保护 GOOSE 检修不一致时，那么远跳开入应该（　　）。（难易度：难）

A. 清 0　　　　　　B. 保持前值　　　　C. 置 1　　　　　　D. 取反

【参考答案】A

99. 线路保护采集母差远跳开入，当与接收母线保护 GOOSE 断链时，那么远跳开入应该（　　）。（难易度：难）

A. 清 0　　　　　　B. 保持前值　　　　C. 置 1　　　　　　D. 取反

【参考答案】A

100. 母差保护采集线路保护失灵开入，当与接收线路保护 GOOSE 断链时，那么失

灵开入应该（　　）。（难易度：难）

A. 清 0　　　　　　B. 保持前值　　　C. 置 1　　　　　D. 取反

【参考答案】A

101. 母差保护采集线路保护失灵开入，当与接收线路保护检修不一致时，那么失灵开入应该（　　）。（难易度：难）

A. 清 0　　　　　　B. 保持前值　　　C. 置　　　　　　D. 取反

【参考答案】A

102. 主变压器本体相间金属性短路而其主保护及后备保护均拒动时，变压器智能终端的保护模块可通过哪一种方式跳开主变压器开关（　　）。（难易度：中）

A. 非电量重动跳闸　B. 失灵启动　　　C. 手分　　　　　D. 遥分

【参考答案】A

103. 当合并单元投入检修，而保护装置未投入检修情况下，保护装置（　　）处理合并单元的数据。（难易度：易）

A. 所有数据不参加保护逻辑计算　　　　B. 部分数据参与保护逻辑计算

C. 全部数据参与保护计算　　　　　　　D. 保护逻辑不受影响

【参考答案】A

104. 智能终端动作时间应不大于（　　）。（难易度：中）

A. 2ms　　　　　　B. 7ms　　　　　　C. 8ms　　　　　　D. 10ms

【参考答案】B

105. 采用点对点直接采样模式的智能变电站，仅某支路合并单元投入检修对母线保护产生了一定的影响，下列说法不正确的是（　　）。（难易度：中）

A. 闭锁所有保护　　　　　　　　　　　B. 不闭锁保护

C. 开放该段母线电压　　　　　　　　　D. 显示无效采样值

【参考答案】B

106. 接入两个以上合并单元的保护装置应按（　　）设置"合并单元投入"软压板。（难易度：易）

A. 模拟量通道　　　　　　　　　　　　B. 电压等级

C. 合并单元设置　　　　　　　　　　　D. 保护装置设置

【参考答案】C

107. 智能变电站继电保护装置采样值采用点对点接入方式时，电保护采样同步应由（　　）实现。（难易度：易）

A. 保护装置　　　B. 交换机　　　　C. 电子式互感器　D. 网络

【参考答案】D

108. 母线保护与其他保护之间的联闭锁信号（失灵启动、母联断路器过流保护启动失灵、主变压器保护动作解除电压闭锁等）采用（　　）传输。（难易度：易）

A. GOOSE 点对点连接　　　　　　　　B. 直接电缆连接

C. GOOSE 网络　　　　　　　　　　　D. SV 网络

【参考答案】C

109. 母线保护装置外部对时系统异常时（　　）。（难易度：易）

A. 应闭锁相应保护　　　　　　　　B. 不影响保护功能

C. 保护退出运行　　　　　　　　　D. 仅闭锁受影响的保护功能

【参考答案】B

110. 保护装置应具备对过程层链路异常时的告警或闭锁相关保护功能。在通信链路恢复后，（　　）投入正常运行。（难易度：易）

A. 无特殊要求　　B. 自动　　　　C. 不能再　　　　D. 需人工

【参考答案】B

111. 根据 Q/GDW 441《智能变电站继电保护技术规范》，母线保护电压取自（　　）。（难易度：易）

A. 测控装置　　　　　　　　　　　B. 其他

C. 间隔合并单元　　　　　　　　　D. 母线电压合并单元

【参考答案】D

112. 智能变电站过程层交换机的监测可以通过（　　）进行。（难易度：易）

A. 合并单元　　　B. 智能终端　　　C. 保护　　　　D. 公用测控

【参考答案】D

113. GOOSE 检修不一致时，保护装置从智能终端得到的开关位置信息应取（　　）。（难易度：中）

A. 检修前位置　　　B. 当前位置　　　C. 分位　　　　D. 合位

【参考答案】A

114. 智能变电站保护及安全自动装置、测控装置、智能终端、合并单元单体调试应主要依据（　　）进行。（难易度：难）

A. SV 报文　　　　B. GOOSE 报文　　C. SCD 文件　　　D. ICD 文件

【参考答案】C

115. 智能变电站线路保护的电压切换功能在（　　）中实现。（难易度：中）

A. 母线合并单元　　B. 线路智能终端　　C. 线路合并单元　　D. 母线智能终端

【参考答案】C

116. 接入母线保护的主变压器或线路支路间隔合并单元数据品质无效时，应（　　）。（难易度：难）

A. 数据品质无效的支路不参与母线保护差流计算

B. 母线保护直接跳闸该支路

C. 闭锁母线保护

D. 保护不做任何处理

【参考答案】C

117. 直采直跳方式下，母差保护装置（　　）。（难易度：中）

A. 不同对时方式，有不同的依赖性　　B. 依赖对时系统

C. 不依赖对时系统　　　　　　　　　D. 依赖于保护装置的守时时间

【参考答案】C

118. 目前，继电保护设备主动上传的信息不包括（　　）。（难易度：中）

A. 开关量变位信息　　　　　　　　B. 保护动作事件信息

C. 异常告警信息　　　　　　　　　D. 定值区号及定值

【参考答案】D

119. 下列（　　）是智能变电站工厂联调、新安装验收和全部检验都要做的项目。（难易度：中）

A. MU 电压切换检验　　　　　　　B. MU 失步再同步性能检验

C. MU 并列功能检验　　　　　　　D. MU 输出延时测试

【参考答案】A

120. 新六统一（2013－2014）光纤差动保护重合于故障后（　　）；零序后加速固定（　　）。（难易度：难）

A. 本侧加速跳闸；不带方向　　　　B. 固定联跳对侧；带方向

C. 固定联跳对侧；不带方向　　　　D. 对侧加速跳闸；带方向

【参考答案】C

121. 母线电压应配置单独的母线电压合并单元，接受来自母线电压互感器的电压信号。对于双母线单分段接线，1 台母线电压合并单元宜同时接受（　　）段母线电压。（难易度：易）

A. 2　　　　　　B. 1　　　　　　C. 4　　　　　　D. 3

【参考答案】D

122. 根据技术规范的要求，安装在户外的智能终端对环境温度的要求应在（　　）。（难易度：易）

A. 25～55℃　　　B. 5～55℃　　　C. 25～45℃　　　D. 5～45℃

【参考答案】A

123. 根据技术规范，网络交换机用于传输（　　）信息时宜采用电接口。（难易度：易）

A. MMS　　　　B. B 码　　　　C. SV　　　　D. GOOSE

【参考答案】A

124. 智能控制柜宜采用自然通风方式。柜内空气循环为（　　）。（难易度：易）

A. 下进风、上出风　　　　　　　　B. 下进风、下出风

C. 上进风、下出风　　　　　　　　D. 上进风、上出风

【参考答案】A

125. 合并单元智能终端集成装置应至少提供（　　）个光以太网接口。（难易度：易）

A. 10　　　　　　B. 8　　　　　　C. 6　　　　　　D. 4

【参考答案】B

126. 智能变电站动态记录装置的内部守时时钟在断电状态下应能保持（　　），误差应不大于（　　）。（难易度：中）

A. 5 天；30s　　　B. 10 天；30s　　　C. 10 天 15s　　　D. 5 天；15s

【参考答案】B

127. 智能变电站 SV 点对点连接方式且合并单元不接外同步情况下，多间隔合并单元采样值应用（　　）方式实现同步。（难易度：中）

A. 插值同步　　　　　　　　　　　B. 采样计数同步

C. 不需要同步　　　　　　　　　　D. 外接同步信号同步

【参考答案】A

128. 数字量输出电子式电流互感器的极性（　　）。（难易度：中）

A. 以一次端子的标识反映　　　　　B. 以二次端子的标识反映

C. 用专用信号通道表示　　　　　　D. 以输出数字量的符号位表示

【参考答案】D

129. 退出（　　）软压板，设备显示数值为 0 或不处理该通道采样值。（难易度：中）

A. 保护功能　　　B. GOOSE 发布　　　C. GOOSE 订阅　　　D. SV 接收

【参考答案】D

130. 间隔合并单元延时的目的是（　　）。（难易度：中）

A. 保证跨间隔保护同步采样　　　　B. 保证间隔电压、电流同步上传

C. 与对侧常规站保护配合　　　　　D. 以上都不是

【参考答案】B

131. 采用直采直跳方式的保护装置，以下（　　）一般采用网络方式实现。（难易度：中）

A. 跳母联开关　　　　　　　　　　B. 跳主变压器开关

C. 跳线路开关　　　　　　　　　　D. 低气压闭锁重合闸

【参考答案】D

132. 智能终端的控制电源和装置电源应（　　）。（难易度：易）

A. 分别使用不同的空开来控制　　　B. 可以共享一个空开，也可以分开

C. 可以共享一个空开　　　　　　　D. 以上都不对

【参考答案】A

133. 当保护装置投检修，智能终端不投检修，如果保护发出跳合闸命令，那么（　　）。（难易度：中）

A. 智能终端可能执行，也可能不执行　　B. 智能终端一定执行

C. 智能终端　　　　　　　　　　　D. 以上都不对

【参考答案】D

134. 高压并联电抗器非电量保护应采用（　　）跳闸，并通过相应断路器的两套智能终端发送 GOOSE 报文，实现远跳功能。（难易度：中）

A. 都不对　　　B. GOOSE 点对点　　　C. GOOSE 网络　　　D. 电缆直连

【参考答案】D

135. 电子式互感器应由两路独立的采样系统进行信息采集，每路采样系统应通过（　　）接入合并单元，每个合并单元输出两路数采样值由同一路通道进入一套保护装置，以满足双重化保护互相完全独立的要求。（难易度：中）

A. 双 A/D　　　　B. 交换机　　　　C. 总线　　　　D. 单 A/D

【参考答案】A

136. 智能终端延时（GOOSE 转硬接点）不应超过（　　）。（难易度：中）

A. 5ms　　　　B. 8ms　　　　C. 6ms　　　　D. 7ms

【参考答案】A

137. 智能变电站中 220kV 及以上电压等级线路的（　　）功能应集成在线路保护装置中。（难易度：中）

A. 智能终端　　　　　　　　B. 失步解列

C. 线路过电压及远跳就地判别　　D. 合并单元

【参考答案】C

138. 一个油浸式变压器应有（　　）个智能组件。（难易度：易）

A. 1　　　　B. 2　　　　C. 3　　　　D. 按侧配置

【参考答案】A

139. 二次装置失电告警信息应通过（　　）方式发送测控装置。（难易度：易）

A. 硬接点　　　　B. GOOSE　　　　C. SV　　　　D. MMS

【参考答案】A

140. 母线差动保护、变压器差动保护、高抗差动保护用电子式电流互感器相关特性（　　）。（难易度：中）

A. 宜相同　　　　B. 不必相同　　　　C. 没有要求　　　　D. 其他

【参考答案】A

141. 配置母线电压合并单元。母线电压合并单元可接收至少（　　）组电压互感器数据。（难易度：中）

A. 1　　　　B. 2　　　　C. 3　　　　D. 4

【参考答案】B

142. 每段母线配置合并单元，母线电压由母线电压合并单元（　　）通过线路电压合并单元连接。（难易度：中）

A. 点对点　　　　B. 网络　　　　C. 点对点或网络　　　　D. 其他

【参考答案】A

143. 双母线接线，两段母线按双重化配置（　　）合并单元。（难易度：易）

A. 1　　　　B. 2　　　　C. 3　　　　D. 4

【参考答案】B

144. GOOSE 报文中 SqNum 和 StNum 的初始值在装置重启后为（　　）。（难易度：易）

A. 1、0　　　　B. 1、1　　　　C. 0、0　　　　D. 0、1

【参考答案】B

145. Q/GDW 441《智能变电站继电保护技术规范》要求电子式互感器（含 MU）应能真实反映一次电压或电流，额定延时时间不大于（　　）。（难易度：难）

A. 250μs　　　　B. 500μs　　　　C. 1ms　　　　D. 2ms

【参考答案】D

146. Q/GDW 441《智能变电站继电保护技术规范》要求继电保护装置可以采用硬压板的是（　　）。（难易度：易）

A. 检修压板　　　　B. 出口压板　　　　C. 功能压板　　　　D. 接收压板

【参考答案】A

147. 请问下列哪一种不是常用的光纤接口（　　）。（难易度：易）

A. LC　　　　　　B. PC　　　　　　C. SC　　　　　　D. ST

【参考答案】B

148. 下列开入类型应在接收端设置开入压板的是（　　）。（难易度：难）

A. 闭重开入　　　B. 启失灵开入　　C. 断路器位置　　D. 刀闸位置

【参考答案】B

149. 合并单元的守时精度要求 10min 小于（　　）。（难易度：中）

A. ±4μs　　　　　B. ±2μs　　　　　C. ±1μs　　　　　D. ±1ms

【参考答案】A

150. 国网 IEC 61850-9-2 标准，采用（　　）采样率。（难易度：中）

A. 48 点/周波　　　B. 80 点/周波　　C. 192 点/周波　　D. 200 点/周波

【参考答案】B

151. 220kV 母线电压的并列功能应由（　　）实现。（难易度：易）

A. 母线智能终端　　B. 母线保护　　　C. 母联合并单元　　D. 母线合并单元

【参考答案】D

152. 智能变点站保护及安全自动装置、测控装置、智能终端、合并单元单体调试应依据（　　）进行。（难易度：难）

A. SCD 文件　　　B. GOOSE 报文　　C. SV 报文　　　D. ICD 文件

【参考答案】A

153. （　　）包含两个或两个以上的 P2P 端口，且每个端口可以处于主时钟，从时钟和无源时钟三种状态。（难易度：易）

A. 主时钟　　　　B. 边界时钟　　　C. 普通时钟　　　D. 从时钟

【参考答案】B

154. （　　）压板不属于 GOOSE 出口软压板。（难易度：易）

A. 跳高压侧　　　B. 闭锁中压备自投　C. 跳闸后备　　　D. 高压侧后备投入

【参考答案】D

155. 双母线分段接线，按双重化配置（　　）台母线电压合并单元（不考虑横向并列）。（难易度：易）

A. 1　　　　　　B. 2　　　　　　C. 3　　　　　　D. 4

【参考答案】D

156. "通道延时变化"对母线保护有（　　）影响。（难易度：中）

A. 闭锁所有保护　　　　　　　　B. 闭锁差动保护

C. 闭锁差动和该支路的失灵保护　　D. 没有影响

【参考答案】B

157. 220kV 出现若配置组合式互感器，母线合并单元除组网外，点对点接至线路合并单元主要用于（　　）。（难易度：中）

A. 线路保护重合闸检同期　　　　　B. 线路保护计算需要

C. 挂网测控的手合检同期　　　　　D. 计量用途

【参考答案】A

158. 220kV 及以上电压等级线路的（　　）功能应集成在线路保护装置中。（难易度：易）

A. 智能终端　　　　　　　　　　　B. 合并单元

C. 失步解列　　　　　　　　　　　D. 线路过电压及远跳就地判别

【参考答案】D

159. 220kV 及以上变压器各侧的智能终端（　　）；110kV 变压器各侧终端（　　）。（难易度：易）

A. 均按双重化配置；宜按双套配置　　B. 均按双重化配置；按单套配置

C. 宜按双重化配置；按单套配置　　　D. 宜按双重化配置；均按双套配置

【参考答案】A

160. 220kV 及以上电压等级的母联、母线分段断路器应（　　）专用的、具有瞬时和延时跳闸功能的过电流保护装置。（难易度：中）

A. 按保护配置　　　　　　　　　　B. 按断路器配置

C. 按母线段配置　　　　　　　　　D. 按相别配置

【参考答案】B

161. 安装在同一面屏上由不同端子供电的两套保护装置的直流逻辑回路之间（　　）。（难易度：易）

A. 为防止相互干扰，绝对不允许有任何电磁联系

B. 不允许有任何电的联系，如有需要必须经空触点输出

C. 一般不允许有电磁联系，如有需要，应加装抗干扰电容等措施

D. 允许有电的联系

【参考答案】B

162. 安装在室内 GIS 汇控柜、预制舱的保护装置，正常工作环境温度范围为（　　）。（难易度：易）

A. −20～40℃　　B. −10～55℃　　C. −10～40℃　　D. −25～70℃

【参考答案】B

163. 安装在室外智能控制柜的保护装置，正常工作环境温度范围为（　　）。（难易度：易）

A. −20～40℃　　B. −10～55℃　　C. −10～40℃　　D. −25～70℃

【参考答案】D

164. 保护采用点对点直采方式，同步在（　　）环节完成。（难易度：易）

A. 保护　　B. 合并单元　　C. 智能终端　　D. 远端模块

【参考答案】A

165. 保护采用网采方式，同步在（　　）环节完成。（难易度：易）

A. 保护　　　　　　B. 合并单元　　　　C. 智能终端　　　　D. 远端模块

【参考答案】B

166. 保护跳闸压板（　　）。（难易度：易）

A. 开口端应装在上方，接到断路器的跳闸线圈回路

B. 开口端应装在下方，接到断路器的跳闸线圈回路

C. 开口端应装在上方，接到保护的跳闸线圈回路

D. 开口端应装在下方，接到保护的跳闸线圈回路

【参考答案】A

167. 保护从智能终端获取的开关位置信号是（　　）。（难易度：易）

A. 跳闸位置继电器　　　　　　　　　B. 合闸位置继电器

C. 断路器辅助接点　　　　　　　　　D. 以上均需要

【参考答案】C

168. 保护装置不依赖于（　　）实现其保护功能。（难易度：中）

A. MU　　　　　　B. 外部对时系统　　　C. 智能终端　　　　D. 互感器

【参考答案】B

169. 北斗卫星授时精度为（　　）。（难易度：易）

A. 20ns　　　　　　B. 100ns　　　　　C. 150ns　　　　　D. 200ns

【参考答案】A

170. 变压器的非电量保护，应该（　　）。（难易度：中）

A. 设置独立的电源回路、出口回路可与电量保护合用

B. 设置独立的电源回路与出口回路，可与电量保护合用同一机箱

C. 设置独立的电源回路与出口回路，且在保护屏安装位置也应与电量保护相对独立

D. 不必设置独立的电源回路与出口回路，且可与电量保护合用同一机箱

【参考答案】C

171. 以下关于智能变电站线路差动保护装置两侧分别采用常规互感器和电子式互感器对线路保护的影响描述不正确的是（　　）。（难易度：难）

A. 电磁式互感器不存在饱和问题，而电子式互感器在特定工况下存在饱和问题

B. 电子式互感器与电磁式互感器传递特性不同，尤其是对于衰减的直流分量

C. 电子式互感器与电磁式互感器的同步问题

D. 电子式互感器的采样异常问题

【参考答案】A

二、多选题

1. 智能化装置软压板一般分为（　　）。（难易度：易）

A. 功能软压板　　　　　　　　　　　B. GOOSE 发送软压板

C. GOOSE 接收软压板　　　　　　　　D. SV 接收软压板

【参考答案】ABCD

2. 对智能控制柜温控系统的要求（　　）。（难易度：易）

A. 温控系统正常　　　　　　　　　B. 柜中环境温湿度数据上传正确

C. 具备柜中温度锁定功能　　　　　D. 温度远方控制

【参考答案】AB

3. 对于变压器保护配置，下列说法正确的是（　　）。（难易度：中）

A. 220kV 变压器电量保护宜按双套配置，双套配置时应采用主后备保护一体化配置

B. 变压器非电量保护应采用 GOOSE 光纤直接跳闸

C. 变压器保护直接采样，直接跳所有断路器

D. 变压器保护启动失灵、解复压闭锁、闭锁备自投等可以采用 GOOSE 网传输

【参考答案】AD

4. 对于 220kV 线路保护，下列说法正确的是（　　）。（难易度：中）

A. 应按照双重化配置原则

B. 线路保护直接采样，直接跳断路器

C. 经 GOOSE 网络启动断路器失灵、重合闸

D. 过电压及远跳就地判别功能应集成在线路保护装置，其他装置启动远跳经 GOOSE 网络启动

【参考答案】ABCD

5. 220kV 线路保护中，下列（　　）压板属于 GOOSE 软压板。（难易度：易）

A. 差动保护投入　　　　　　　　　B. 停用重合闸

C. 跳闸出口　　　　　　　　　　　D. 失灵启动第一套母差

【参考答案】CD

6. 采用点对点传输模式的智能变电站，若合并单元任意保护电压通道无效，对线路保护产生的影响有（　　）（假定线路保护只与间隔合并单元通信）。（难易度：中）

A. 闭锁接地距离保护　　　　　　　B. 退出方向元件

C. 出现 TV 断线　　　　　　　　　D. 闭锁线路差动保护

【参考答案】ABC

7. 智能开关设备在线监视功能包括（　　）。（难易度：易）

A. 电、磁　　　B. 温度　　　C. 开关机械　　　D. 机构动作

【参考答案】ABCD

8. 智能开关设备智能控制功能包括（　　）。（难易度：易）

A. 最佳开断　　　B. 定相位合闸　　　C. 定相位分闸　　　D. 顺序控制

【参考答案】ABCD

9. 智能开关设备数字化的接口包括（　　）。（难易度：易）

A. 位置信息　　　B. 其他状态信息　　　C. 分闸命令　　　D. 合闸命令

【参考答案】ABCD

10. 智能开关配有（　　），不但具有分合闸基本功能，而且在监测和诊断方面具有附加功能的开关设备。（难易度：易）

A. 电子设备　　　B. 数字通信接口　　　C. 传感器　　　D. 执行器

【参考答案】ABCD

11. 220kV 智能变电站双重化配置的保护有 （　　）。（难易度：易）

A. 110kV 线路保护　　　　　　　　　B. 220kV 线路保护

C. 220kV 变压器电气量保护　　　　　D. 220kV 变压器非电气量保护

【参考答案】BC

12. 某 220kV 线路保护中停用重合闸软压板投入时，该线路保护 （　　）。（难易度：中）

A. 重合闸放电　　　　　　　　　B. 沟通三跳

C. 闭锁重合闸逻辑　　　　　　　D. 以上答案均对

【参考答案】AB

13. 220kV 间隔 B 套智能终端可完成下列功能 （　　）。（难易度：中）

A. 1G、2G 刀闸采集　　　　　　B. 手分手合

C. 开关位置采集　　　　　　　　D. 1GD 接地刀闸采集

【参考答案】ACD

14. GOOSE 网络可以交换的实时数据包括 （　　）。（难易度：中）

A. 测控装置的遥控命令　　　　　B. 启动失灵、闭锁重合闸

C. 一次设备的遥信信号　　　　　D. 电能表数据

【参考答案】ABC

15. 国家电网公司典型设计中智能变电站 110kV 及以上的主变压器差动保护不采用 （　　）。（难易度：中）

A. 直采直跳　　　B. 直采网跳　　　C. 网采直跳　　　D. 网采网跳

【参考答案】BCD

16. 智能变压器非电量保护包含 （　　）。（难易度：难）

A. 冷控失电　　　　　　　　　　B. 过负荷

C. 启动风冷　　　　　　　　　　D. 非电量延时跳闸

【参考答案】ACD

17. 如下 （　　） 装置不能实现线路间隔的电压切换功能。（难易度：中）

A. 母线合并单元　　B. 线路合并单元　　C. 线路保护　　　D. 线路测控

【参考答案】ACD

18. 220kV 智能变电站中，可以单套配置的是 （　　）。（难易度：易）

A. 主变压器本体智能终端　　　　　B. 主变压器低压侧 （35kV） MU

C. 110kV 母线压变间隔智能终端　　D. 主变压器中压侧 （110kV） MU

【参考答案】AC

19. 对于智能变电站，属于装置自身信号的有 （　　）。（难易度：中）

A. 装置电源消失信号　　　　　　B. 装置出口动作信号

C. 断路器位置信号　　　　　　　D. 隔离开关位置信号

【参考答案】AB

20. 智能变电站母差保护装置一般配置 （　　） 软压板。（难易度：中）

A. 合并单元接收　　　　　　　　　　B. 启动失灵发送

C. 失灵联跳发送　　　　　　　　　　D. 跳闸 GOOSE 发送

【参考答案】ACD

21. 对于智能变电站 220kV 线路保护，下述说法正确的是（　　）。（难易度：中）

A. 应按照双重化配置原则

B. 线路保护直接采样，直接跳断路器

C. 经 GOOSE 网络启动断路器失灵、重合闸

D. 过电压及远跳就地判别功能应集成在安陆保护装置，其他保护启动远跳经GOOSE 网络启动

【参考答案】ABCD

22. 智能化保护装置通信模块一般设置下列哪些总信号（　　）。（难易度：易）

A. 保护动作　　　　B. 装置故障　　　　C. 装置告警　　　　D. 控制回路断线

【参考答案】ABC

23. 光纤纵差保护只有（　　）两种状态，光纤纵差保护不能单独停用。（难易度：中）

A. 跳闸　　　　　　B. 信号　　　　　　C. 检修　　　　　　D. 停用

【参考答案】AB

24. 关于智能变电站通信网络光纤施工工艺要求，下列说法正确的是（　　）。（难易度：中）

A. 智能变电站内，除纵联保护通道外，应采用多模光纤，或无金属、阻燃、防鼠咬的光缆

B. 双重化的两套保护应采用两根独立的光缆

C. 光缆不宜与动力电缆同沟（槽）敷设

D. 光缆应留有足够的备用芯

【参考答案】ABCD

25. 网络传输延时主要包括（　　）几个方面。（难易度：难）

A. 交换机存储转发延时　　　　　　　B. 交换机延时

C. 光缆传输延时　　　　　　　　　　D. 交换机排队延时

【参考答案】ABCD

26. 智能终端上送的信息包括（　　）。（难易度：中）

A. 断路器、隔离开关位置　　　　　　B. 通用遥信类

C. 环境温、湿度　　　　　　　　　　D. 装置工况类

【参考答案】ABCD

27. 以下属于智能终端的自检项目的是（　　）。（难易度：难）

A. 出口继电器线圈自检　　　　　　　B. 程序 CRC 自检

C. 控制回路断线自检　　　　　　　　D. 断路器位置不对应自检

【参考答案】ABCD

28. 智能变电站（　　）装置需实现同步。（难易度：难）

A. 常规互感器与电子式互感器共存　　　B. 变压器差动保护

C. 线路差动保护　　　　　　　　　　　D. 远动服务器

【参考答案】ABC

29. 合并单元发送数据给间隔层设备的同步原则是（　　　）。（难易度：难）

A. 点对点—光纤直连—谁使用谁同步　　B. 点对点—光纤直连—谁发送谁同步

C. 组网—经过交换机—谁发送谁同步　　D. 组网—经过交换机—谁使用谁同步

【参考答案】AC

30. 以下选项中（　　　）能够引起光纤衰弱。（难易度：易）

A. 弯曲　　　　　　B. 挤压　　　　　　C. 杂质　　　　　　D. 对接

【参考答案】ABCD

31. 以下（　　　）环节会影响智能变电站保护整组动作时间。（难易度：中）

A. 合并单元采样额定延时　　　　　　　B. 保护原理和算法

C. GOOSE 传输链路延迟　　　　　　　 D. 智能终端动作延迟时间

【参考答案】ABCD

32. SV 接收端装置应将接收的 SV 报文中的 test 位与装置自身的检修压板状态进行比较，两者不一致时（　　　）。（难易度：中）

A. 保护功能不受影响　　　　　　　　　B. 闭锁相关保护功能

C. 正常计算和显示　　　　　　　　　　D. 抛弃 SV 报文

【参考答案】BC

33. 智能变电站跨间隔信息有（　　　）。（难易度：难）

A. 启动母差失灵　　B. 母差远跳　　　　C. 线路保护动作　　D. 闭锁重合闸

【参考答案】AB

34. 关于智能变电站一体化监控系统冗余/备用描述正确的是（　　　）。（难易度：难）

A. 支持双网冗余/备用

B. 双网运行的系统，当一个网络因故中断以后允许性能降低

C. 多机部署时，支持主机间的手工/自动切换

D. 当综合应用服务器故障时，数据库服务器允许替代其工作

【参考答案】AC

35. "远方修改定值"软压板只能在装置本地修改。"远方修改定值"软压板投入时，（　　　）可远方修改。（难易度：中）

A. 软压板　　　　　　B. 装置参数　　　　C. 装置定值　　　　D. 定值区

【参考答案】BC

三、判断题

1. 装置应能正确显示 GOOSE 开入信息；GOOSE 接收软压板退出后，装置不显示接收的 GOOSE 信号，若 GOOSE 信号带检修标识时，应显示检修标识。（难易度：难）

【参考答案】错误

2. 智能变电站内双重化配置的两套保护电压、电流采样值应分别取自相互独立的合并单元。（难易度：易）

【参考答案】正确

3. 用于双重化保护的电子式互感器，其两个采样系统应由不同的电源供电并与相应保护装置使用同一直流电源。（难易度：易）

【参考答案】正确

4. 220kV 智能变电站线路保护，用于检同期的母线电压一般由母线合并单元点对点通过间隔合并单元转接给各间隔保护装置。（难易度：难）

【参考答案】正确

5. 智能变电站采用分布式母线保护方案时，各间隔合并单元、智能终端以点对点方式接入对应母线保护子单元。（难易度：难）

【参考答案】正确

6. 智能变电站保护装置重采样过程中，应正确处理采样值溢出情况。（难易度：易）

【参考答案】正确

7. 智能变电站继电保护装置除检修采用硬压板外其余均采用软压板。（难易度：易）

【参考答案】错误

8. IEC 61850 系列标准的推出，很好地解决了原来各厂家产品通信规约不一致、互操作性差的问题。（难易度：易）

【参考答案】正确

9. 智能变电站母线保护不需要设置失灵开入软压板。（难易度：易）

【参考答案】错误

10. 由于变压器各侧的合并单元通道延时可能不一致，所以保护装置中需要实现数据同步。（难易度：难）

【参考答案】正确

11. 智能变电站保护测控投上检修压板后，仍然向主站上送变位报文。（难易度：中）

【参考答案】正确

12. "远方修改定值""远方切换定值区""远方控制压板"只能在装置就地修改，当某个远方软压板投入时，装置相应操作只能在远方进行，不能就地进行。（难易度：中）

【参考答案】错误

13. 本体智能终端的信息交互功能应包含非电量动作报文、调档及测温等。（难易度：中）

【参考答案】正确

14. 断路器、隔离开关采用单位置接入时，由智能终端完成单位置到双位置的转换，形成双位置信号给继电保护和测控装置。（难易度：中）

【参考答案】正确

15. 直接采样是指智能电子设备（IED）间不经过以太网交换机而以点对点连接方式直接进行采样值传输。（难易度：中）

【参考答案】正确

16. 当外部同步信号失去时，合并单元应该利用内部时钟进行守时。（难易度：中）

【参考答案】正确

17. 智能变电站线路差动保护装置不能两侧分别采用常规互感器和电子式互感器。（难易度：易）

【参考答案】错误

18. 线路保护应直接采样，经 GOOSE 网络跳断路器。（难易度：中）

【参考答案】错误

19. 变压器保护应直接采样，直接跳各侧断路器。（难易度：易）

【参考答案】正确

20. 要求快速跳闸的安全稳定控制装置应采用点对点直接跳闸方式。（难易度：中）

【参考答案】正确

21. 智能变电站中，保护装置可依赖于外部对时系统实现其保护功能。（难易度：难）

【参考答案】错误

22. 母线合并单元通过 GOOSE 接收母联断路器位置实现电压并列功能，双母线接线的间隔合并单元通过 GOOSE 接收间隔刀闸（隔离开关）位置实现电压切换功能。（难易度：中）

【参考答案】正确

23. 根据 Q/GDW 441《智能变电站继电保护技术规范》，对于接入了两段及以上母线电压的母线电压合并单元，母线电压并列功能宜由合并单元完成。（难易度：难）

【参考答案】正确

24. 保护装置采样值采用点对点接入方式，采样同步应由合并单元实现。（难易度：中）

【参考答案】错误

25. 智能终端不需要实现防跳功能。断路器的防跳功能宜在断路器本体机构中实现。（难易度：难）

【参考答案】正确

26. 智能终端通过回采跳合闸继电器的接点来判断出口的正确。（难易度：难）

【参考答案】正确

27. 智能终端可以实现模拟量的采集。（难易度：易）

【参考答案】正确

28. 智能终端可通过 GOOSE 单帧实现跳闸功能。（难易度：易）

【参考答案】正确

29. 智能终端遥信上送序号应与外部遥信开入序号一致。（难易度：易）

【参考答案】正确

30. 保护装置、智能终端等智能电子设备间的相互启动、相互闭锁、位置状态等交换信息可通过 GOOSE 网络传输，双重化配置的保护之间可直接通过 GOOSE 网络交换信息。（难易度：中）

【参考答案】错误

31. 智能终端具有断路器控制功能，根据工程需要只能选择三相控制模式。（难易度：难）

【参考答案】错误

32. 智能终端宜具备断路器操作箱功能，包含分合闸回路、合后监视、重合闸、操作电源监视和控制回路断线监视、断路器防跳等功能。断路器三相不一致保护功能以及各种压力闭锁功能宜在断路器本体操动机构中实现。（难易度：难）

【参考答案】错误

33. 智能终端装置控制操作输出正确率应为100％。（难易度：中）

【参考答案】正确

34. 智能变电站 220kV 及以上母线保护具有 TA 断线告警功能。（难易度：中）

【参考答案】正确

35. 智能终端至少提供两组分相跳闸接点和一组合闸接点。（难易度：中）

【参考答案】正确

36. 智能终端的告警信息通过 GOOSE 上送。（难易度：易）

【参考答案】正确

37. 智能变电站软压板设置遵循"保留必需，适当精简"的原则。（难易度：中）

【参考答案】正确

38. 时间同步装置主要由接收单元、时钟单元和输出单元三部分组成。（难易度：易）

【参考答案】正确

39. 时间同步系统有独立运行和组网运行两种运行方式。（难易度：易）

【参考答案】正确

40. 时间同步系统组网运行方式，在无线时间基准信号和有线时间基准信号输入都有效的情况下，采用有线时间基准信号作为系统的优先授时源。（难易度：中）

【参考答案】错误

41. 智能终端的跳位监视功能利用跳位监视继电器并在合闸回路中实现。（难易度：难）

【参考答案】正确

42. 智能变电站跨间隔的母线保护、主变压器保护、光纤差动保护的模拟量采集，需依赖外部时钟。（难易度：难）

【参考答案】错误

43. 软压板的功能压板，如保护功能投退，保护出口压板，是通过逻辑置位参与内部逻辑运算。（难易度：中）

【参考答案】正确

44. 变压器保护可通过 GOOSE 网络接收失灵保护跳闸命令，并实现失灵跳变压器各侧断路器。（难易度：易）

【参考答案】正确

45. 智能变电站变压器非电量保护采用就地直接电缆跳闸。（难易度：易）

【参考答案】正确

46. 智能变电站变压器非电量保护信息通过本体智能终端上送过程层 GOOSE 网。（难易度：易）

【参考答案】正确

47. 母线保护直接采样、直接跳闸，当接入元件数较多时，可采用分布式母线保护。（难易度：中）

【参考答案】正确

48. 断路器保护跳本断路器采用点对点直接跳闸。（难易度：易）

【参考答案】正确

49. 断路器保护在本断路器失灵时，经 GOOSE 网络通过相邻断路器保护或母线保护跳相邻断路器。（难易度：中）

【参考答案】正确

50. 母联（分段）保护跳母联（分段）断路器采用 GOOSE 网络跳闸方式。（难易度：中）

【参考答案】错误

51. 母联（分段）保护启动母线失灵可采用 GOOSE 网络传输。（难易度：难）

【参考答案】正确

52. 220kV 及以上电压等级的智能变电站中，继电保护及与之相关的设备、网络等应按照双重化原则进行配置，双重化配置的继电保护之间不应有任何电气联系，当一套保护异常或退出时不应影响另一套保护的运行。（难易度：易）

【参考答案】正确

53. 母联（分段）保护跳母联（分段）断路器采用点对点直接跳闸方式；母联（分段）保护启动母线失灵可采用 GOOSE 网络传输。（难易度：难）

【参考答案】正确

54. 为提高保护的可靠性，智能变电站 220kV 母差保护需要配置启动失灵 GOOSE 接收软压板。（难易度：中）

【参考答案】正确

55. 保护采用点对点直采方式，在合并单元环节完成同步。（难易度：中）

【参考答案】错误

56. 电压并列、电压切换、数据同步功能都能在合并单元中实现。（难易度：易）

【参考答案】正确

57. 各间隔合并单元所需母线电压量通过交换机转发。（难易度：易）

【参考答案】错误

58. 继电保护设备与本间隔智能终端之间应采用 SV 网络通信方式。（难易度：中）

【参考答案】错误

59. 智能变电站线路保护的电压切换功能在线路保护装置中实现。（难易度：中）

【参考答案】错误

60. 接入两个及以上合并单元的保护装置应按合并单元设置 SV 接收软压板。（难易度：易）

【参考答案】正确

61. 当智能终端投检修压板、线路保护装置不投检修压板时，线路保护装置的断路器位置开入量不确定。（难易度：难）

【参考答案】错误

62. 智能变电站站内智能终端按双重化配置时，分别对应于两个跳闸线圈，具有分相跳闸功能；其合闸命令输出则并接至合闸单元。（难易度：易）

【参考答案】正确

63. 电子式互感器的采样数据品质标志应实时反映自检状态，不应附加任何延时或展宽。（难易度：中）

【参考答案】正确

64. 220kV 智能变电站线路保护，用于检同期的母线电压一般由母线合并单元点对点通过间隔合并单元转接给各间隔保护装置。（难易度：中）

【参考答案】正确

65. 智能变电站 110kV 合智一体设备中，合并单元和智能终端的功能可共用一块 CPU 实现。（难易度：易）

【参考答案】错误

66. 每个过程层装置都有唯一的 MAC 地址和 APPID 地址。（难易度：易）

【参考答案】错误

67. 高压并联电抗器非电量保护采用就地 GOOSE 点对点跳闸。（难易度：易）

【参考答案】错误

68. 当断路器为分相操动机构时，断路器总位置由智能终端合成，逻辑关系为三相与。（难易度：易）

【参考答案】正确

69. 某智能变电站里有两台同厂家、同型号、同配置的线路保护装置，这两台装置的 ICD 文件可能相同，CID 文件也有可能相同。（难易度：难）

【参考答案】错误

70. 变压器保护跳母联、分段断路器及闭锁备自投、启动失灵等可采用 GOOSE 网络传输。（难易度：中）

【参考答案】正确

71. 主变压器本体智能终端包含完整的本体信息交互功能（非电量动作报文、调档及测温等），并可提供用于闭锁调压、启动风冷、启动充氮灭火等出口接点，同时还宜具备就地非电量保护功能；所有非电量保护启动信号均应经大功率继电器重动，非电量保护跳闸通过控制电缆以直跳方式实现。（难易度：中）

【参考答案】正确

72. 智能终端应具备接收 IEC 61588 或 B 码时钟同步信号功能，装置的对时精度误差应不大于±1ms。（难易度：中）

【参考答案】正确

73. 智能终端应具有完善的自诊断功能，并能输出装置本身的自检信息，自检项目可包括：出口继电器线圈自检、开入光耦自检、控制回路断线自检、断路器位置不对应自检、定值自检、程序 CRC 自检等。（难易度：中）

【参考答案】正确

74. 智能终端 GOOSE 的单双网模式可灵活设置，宜统一采用 ST 型接口。（难易度：中）

【参考答案】正确

75. 智能终端应具备 GOOSE 命令记录功能，记录接收到 GOOSE 命令时刻、

GOOSE 命令来源及出口动作时刻等内容，并能提供便捷的查看方法。（难易度：中）

【参考答案】正确

76. 智能终端具有开关量（DI）和模拟量（AI）采集功能，输入量点数可根据工程需要灵活配置；开关量输入宜采用强电方式采集；模拟量输入应能接收 4～20mA 电流量和 0～5V 电压量。（难易度：中）

【参考答案】正确

77. 装置之间的 GOOSE 通信需要先握手建立连接。（难易度：中）

【参考答案】错误

78. 装置之间的 SV 传输通信不需要先握手建立连接。（难易度：中）

【参考答案】正确

79. 智能变电站中 GOOSE 开入软压板除双母线和单母线接线外启动失灵、失灵联跳开入软压板即可设在接收端，也可设在发送端。（难易度：中）

【参考答案】错误

80. 有些电子式互感器是由线路电流提供电源。这种互感器电源的建立需要在一次电流接通后延迟一定时间。此延时称为"唤醒时间"。在此延时期间内，电子式互感器的输出为零。（难易度：难）

【参考答案】正确

81. 合并单元的时钟输入只能是光信号。（难易度：易）

【参考答案】错误

82. 有源式电子式电压互感器（EVT）主要采用电阻、电容分压和阻容分压等原理。（难易度：中）

【参考答案】错误

83. 当外部同步信号失去时，合并单元输出的采样值报文中的同步标识位 "SmpSynch" 应立即变为 0。（难易度：中）

【参考答案】错误

84. 合并单元应能够接收 IEC 61588 或 B 码同步对时信号。合并单元应能够实现采集器间的采样同步功能，采样的同步误差应不大于 ±1ms。在外部同步信号消失后，至少能在 10min 内继续满足 4ms 同步精度要求。（难易度：难）

【参考答案】错误

85. 在智能化母差采用点对点连接时，由于单元数过多，主机无法全部接入，需要配置子机实现。主机将本身采集的采样值和通过子机发送的采样值综合插值后送给保护 CPU 处理，在点对点情况下主机和子机之间需设置特殊的同步机制。（难易度：难）

【参考答案】错误

86. 告警信号数据集（dsWarning）中包含所有影响装置部分功能，装置仍然继续运行的告警信号和导致装置闭锁无法正常工作的报警信号。（难易度：难）

【参考答案】错误

87. 智能终端装置应是模块化、标准化、插件式结构；大部分板卡应容易维护和更换，且允许带电插拔；任何一个模块故障或检修时，应不影响其他模块的正常工作。（难

易度：易）

【参考答案】正确

88. 智能终端将输入直流工作电源的正负极性颠倒，装置无损坏，并能正常工作。（难易度：易）

【参考答案】正确

89. 智能终端 DSP 插件一方面负责 MMS 通信，另一方面完成动作逻辑，开放出口继电器的正电源。（难易度：中）

【参考答案】错误

90. 智能终端在电源电压缓慢上升或缓慢下降时，装置均不应误动作或误发信号；当电源恢复正常后，装置应自动恢复正常运行。（难易度：中）

【参考答案】正确

91. 智能终端的开关量外部输入信号应进行光电隔离，隔离电压不小于 2000V。（难易度：中）

【参考答案】正确

92. 智能终端可以通过调整信号输入的滤波时间常数，保证在接点抖动（反跳或振动）以及外部存在干扰下不误发信。（难易度：难）

【参考答案】正确

93. 智能终端响应正确报文的延时不应大于 1ms。（难易度：易）

【参考答案】正确

94. 智能终端需要对时。采用光纤 IRIG‑B 码对时方式时，宜采用 ST 接口；采用光纤 IRIG‑B 码对时方式时，宜采用 ST 接口；采用电 IRIG‑B 码对时方式时，宜采用直流 B 码，通信介质为屏蔽双绞线。（难易度：中）

【参考答案】正确

95. 智能终端发送的外部采集开关量应带时标。（难易度：易）

【参考答案】正确

96. 智能终端外部采集开关量分辨率应不大于 1ms，消抖时间不小于 5ms，动作时间不大于 10ms。（难易度：易）

【参考答案】正确

97. 智能终端应能记录输入、输出的相关信息。（难易度：易）

【参考答案】正确

98. 智能终端遥信上送序号应与外部通信开入序号一致。（难易度：易）

【参考答案】正确

99. 智能终端 GOOSE 订阅支持的数据集不应少于 15 个。（难易度：易）

【参考答案】正确

100. 智能终端开关量外部输入信号宜选用 DC220/110V，进入装置内部时应进行光电隔离，隔离电压不小于 2000V，软硬件滤波。信号输入的滤波时间常数应保证在接点抖动（反跳或振动）以及存在外部干扰情况下不误发信，时间常数可调整。（难易度：易）

【参考答案】正确

101. 智能终端应具有信息转换和通信功能，支持以 GOOSE 方式上传一次设备的状态信息，同时接受来自二次设备的 GOOSE 下行控制命令，实现对一次设备的实时控制功能。（难易度：易）

【参考答案】正确

102. 智能终端在任何网络运行工况流量冲击下，装置均不应死机或重启，不发出错误报文，响应正确报文的延时不应大于 1ms。（难易度：易）

【参考答案】正确

103. 智能终端应具备三条硬接点输入接口，可灵活配置的保护点对点接口（最大考虑 10 个）和 GOOSE 网络接口。（难易度：易）

【参考答案】正确

104. 智能终端应至少带有 1 个本地通信接口（调试口）、2 个独立的 GOOSE 接口（并可根据工程需要扩展）；必要时还可设置 1 个独立的 MMS 接口（用于上传状态监测信息）。通信规约遵循 DL/T 860（IEC 61850）标准。（难易度：易）

【参考答案】正确

105. 保护装置、合并单元和智能终端均应能接收 IRIG - B 码同步对时信号，保护装置、智能终端的对时精度误差应不大于 ±1ms，合并单元的对时精度应不大于 ±1μs。（难易度：中）

【参考答案】正确

106. 从时钟能同时接收主时钟通过有线传输方式发送的至少两路时间同步信号，具有内部时间基准（晶振或原子频标），按照要求的时间准确度向外输出时间同步信号和时间信息。（难易度：中）

【参考答案】正确

107. 当存在外部时钟同步信号时，在同步秒脉冲时刻，采样点的样本计数应翻转置 0。（难易度：中）

【参考答案】正确

108. TCP/IP 通过"三次握手"机制建立连接，通过第四次握手断开连接。（难易度：中）

【参考答案】正确

109. NTP/SNTP 使用软件，或硬件和软件配合方式，进行同步计算，以获得更精确的定时同步。（难易度：中）

【参考答案】错误

110. 线路保护经 GOOSE 网络启动断路器失灵、重合闸。（难易度：中）

【参考答案】正确

111. 高压并联电抗器非电量保护通过相应断路器的两套智能终端发送 GOOSE 报文，实现远跳。（难易度：中）

【参考答案】正确

112. 我国智能变电站标准采用的电力行业标准是 IEC 61850 系列标准。（难易度：易）

【参考答案】错误

113. IEC 61850－7－3 中将数据对象按功能分为信号类、控制类、测量类、定值类和参数类一共五类。（难易度：中）

【参考答案】错误

114. 任两台智能电子设备之间的数据传输路由不应超过 5 个交换。（难易度：易）

【参考答案】错误

115. 继电保护之间的联闭锁信息、失灵启动等信息宜采用 GOOSE 网络传输方式。（难易度：中）

【参考答案】正确

116. CID 文件由装置厂商根据 SCD 文件中本 IED 相关配置生成。（难易度：中）

【参考答案】正确

117. 母差保护应按照面向对象的原则为每个间隔相应逻辑节点建模。如母差保护内含失灵保护，母差保护每个间隔单独建 RBFR 实例，用于不同间隔的失灵保护。失灵保护逻辑节点中包含复压闭锁功能。（难易度：难）

【参考答案】正确

118. 在互感器工作正常时，SV 报文品质位应有置位。（难易度：中）

【参考答案】错误

119. 母线电压合并单元的两组母线电压的幅值、相位和频率宜一致。（难易度：中）

【参考答案】错误

120. 对于接入了两段母线电压的按间隔配置的合并单元，根据采集的双位置刀闸信息，进行电压切换，切换逻辑应满足当Ⅰ母刀闸合位，Ⅱ母刀闸分位时，母线电压取自Ⅱ母。（难易度：易）

【参考答案】错误

121. 对于接入了两段母线电压的按间隔配置的合并单元，根据采集的双位置刀闸信息，进行电压切换，切换逻辑应满足当Ⅰ母刀闸分位，Ⅱ母刀闸合位时，母线电压取自Ⅰ母。（难易度：易）

【参考答案】错误

122. 对于接入了两段母线电压的按间隔配置的合并单元，根据采集的双位置刀闸信息，进行电压切换，切换逻辑应满足当Ⅰ母刀闸合位，Ⅱ母刀闸合位时，维持前一刀闸位置状态母线电压不变。（难易度：中）

【参考答案】正确

123. 对于接入了两段母线电压的按间隔配置的合并单元，根据采集的双位置刀闸信息，进行电压切换，切换逻辑应满足当Ⅰ母刀闸分位，Ⅱ母刀闸分位时，母线电压取自Ⅰ母。（难易度：难）

【参考答案】错误

124. 合并单元是过程层的关键设备，是对来自二次转换器的电流和/或电压数据进行时间相关组合的物理单元。（难易度：易）

【参考答案】正确

125. 将合并单元的直流电源正负极性颠倒，要求合并单元无损坏，并能正常工

作。（难易度：中）

【参考答案】正确

126. 合并单元应支持可配置的采样频率，采样频率应满足保护、测控、录波、计量及故障测距等采样信号的要求。（难易度：中）

【参考答案】正确

127. 合并单元应提供调试接口，可以根据现场要求对所发送通道的顺序、比例系数等进行配置。不能对所发通道的相序、极性进行配置。（难易度：中）

【参考答案】错误

128. 合并单元应能保证在电源中断、电压异常、采集单元异常、通信中断、通信异常、装置内部异常等情况下不误输出；应能够接收电子式互感器的异常信号；应具有完善的自诊断功能。合并单元应能够输出上述各种异常信号和自检信息。（难易度：中）

【参考答案】正确

129. 合并单元 MU 采样值发送间隔离散值应小于 7μs；智能终端的动作时间应不大于 7ms。（难易度：易）

【参考答案】错误

130. 电子式互感器及合并单元工作电源宜采用直流。（难易度：易）

【参考答案】正确

131. 对于带一路独立采样系统的电子式互感器，其传感部分、采集单元、合并单元宜单套配置；每路采样系统应采用双 A/D 系统，接入合并单元，每个合并单元输出两路数字采样值并由不同通道进入一套保护装置。（难易度：中）

【参考答案】错误

132. 合并单元应支持以 GOOSE 方式开入断路器或刀闸位置状态。（难易度：中）

【参考答案】错误

133. 合并单元的配置数量主要与继电保护的配置方案有关，对于继电保护有双重化配置要求的间隔，合并单元也应冗余配置。（难易度：中）

【参考答案】正确

134. 合并单元是用以对来自二次转换器的电流和/或电压数据进行时间相关组合的物理单元。（难易度：易）

【参考答案】正确

135. 合并单元、智能终端的命名原则：智能电子设备物理名称＋设备排列序号（1、2 可选）。（难易度：易）

【参考答案】正确

136. 互感器及其二次线圈、采集单元、合并单元的配置、安装、极性、精度、延时等应满足继电保护系统的性能、功能要求，在投运前提供必要的资料给继电保护专业备查。（难易度：易）

【参考答案】正确

137. 远程操作软压板模式下，运行人员可以在保护装置上进入定值修改菜单。（难易度：中）

【参考答案】错误

138. 对于 220kV 母线保护，需要外部时钟系统进行保护同步。（难易度：中）

【参考答案】错误

四、填空题

1. 继电保护设备应将检修压板状态上送（　　　）；当继电保护设备检修压板投入时，上送报文中信号的品质位的"Test 位"应置位。（难易度：中）

【参考答案】站控层

2. 交换机吞吐量是指交换机所有端口同时（　　　）的总和；（　　　）是在端口达到预定要求的转发速率的情况下，帧丢失的比率。（难易度：难）

【参考答案】转发数据速率能力；帧丢失率

3. 测控装置应支持通过（　　　）报文实现间隔层五防联闭锁功能，支持通过（　　　）报文下行实现设备操作。（难易度：易）

【参考答案】GOOSE；GOOSE

4. 当断路器为分相操作机构时，断路器总位置由（　　　）合成，逻辑关系为三相与。（难易度：易）

【参考答案】智能终端

5. 合并单元通过（　　　）获取断路器、刀闸位置信息，实现电压并列功能。（难易度：易）

【参考答案】GOOSE 网络

6. 智能终端具有（　　　）输出功能，输出量点数可根据工程需要灵活配置；继电器输出接点容量应满足现场实际需要。（难易度：中）

【参考答案】开关量（DO）

7. 智能终端具有断路器控制功能，可根据工程需要选择（　　　）等不同模式。（难易度：中）

【参考答案】分相控制或三相控制

8. 智能终端宜具备断路器操作箱功能，包含（　　　）、（　　　）、（　　　）、（　　　）和（　　　）等功能。（难易度：中）

【参考答案】分合闸回路；合后监视；重合闸；操作电源监视；控制回路断线监视

9. 断路器防跳、断路器三相不一致保护功能以及各种压力闭锁功能（　　　）中实现。（难易度：中）

【参考答案】宜在断路器本体操作机构

10. 主变压器本体智能终端所有非电量保护启动信号均应经（　　　）重动。（难易度：中）

【参考答案】大功率继电器

11. 主变压器本体智能终端非电量保护跳闸通过控制电缆以（　　　）方式实现。（难易度：易）

【参考答案】直跳

12. 智能终端装置外部信号采用强电采集，可以提高信号采集的准确度；进入装置内

79

部时进行（　　　），可有效防止干扰信号通过信号端口进入装置内部。（难易度：易）

【参考答案】光电隔离

13. 国网智能变电站继电保护技术规范要求的直采直跳，具体是指继电保护装置（　　　）、（　　　）。（难易度：易）

【参考答案】直接采样；直接跳闸

14. 母线保护直接采样、直接跳闸，当接入元件数较多时，可采用（　　　）母线保护。（难易度：中）

【参考答案】分布式

15. 保护装置的交流电流、交流电压及保护设备参数的显示、打印、整定应能支持一次值，上送信息应采用（　　　）。（难易度：易）

【参考答案】一次值

16. 保护装置的交流量信息应具备（　　　）。（难易度：易）

【参考答案】自描述功能

17. 保护装置应采取措施，防止输入的双 A/D 数据之一异常时（　　　）。（难易度：中）

【参考答案】误动作

18. 保护装置采样值采用点对点接入方式，采样同步应由（　　　）实现。（难易度：中）

【参考答案】保护装置

19. 母线电压应配置（　　　）母线电压合并单元。（难易度：中）

【参考答案】单独的

20. 对于（　　　），一台母线电压合并单元对应一段母线。（难易度：易）

【参考答案】单母线接线

21. 对于（　　　），一台母线电压合并单元宜同时接收两端母线电压。（难易度：易）

【参考答案】双母线接线

22. 保护装置电流通道同步异常，闭锁差动保护其原则为（　　　）。（难易度：中）

【参考答案】瞬时闭锁，延时返回

23. 双重化配置保护使用的 GOOSE（SV）网络应遵循（　　　）的原则，当一个网络异常或退出时不应影响另一个网络的运行。（难易度：易）

【参考答案】相互独立

24. 双重化配置的保护应使用（　　　）的保护装置。（难易度：易）

【参考答案】主、后一体化

25. 保护装置采样值采用（　　　），采样同步应由保护装置实现。（难易度：中）

【参考答案】点对点接入方式

26. 保护装置 MMS 接口、GOOSE 接口、SV 接口应采用（　　　）的数据接口控制器。（难易度：中）

【参考答案】相互独立

27. 智能变电站继电保护装置的采样输入接口数据采样频率宜为（　　　）。（难易度：难）

【参考答案】4kHz

28. "远方修改定值"软压板只能在（　　　）修改。（难易度：易）

【参考答案】本地

29. 保护装置与智能终端的 GOOSE 通信中断后，保护装置不应误动作，保护装置液晶面板应提示（　　　）且告警灯亮，同时后台应接收到相关告警信号。（难易度：易）

【参考答案】GOOSE 通信中断

30. 保护装置输出报文的（　　　）应能正确反应保护装置检修压板的投退。（难易度：易）

【参考答案】检修品质

31. 保护装置的软压板包括（　　　）、GOOSE 接收/出口压板、保护元件功能压板等。（难易度：易）

【参考答案】SV 接收压板

五、简答题

1. 简述保护装置 GOOSE 报文检修处理机制。（难易度：易）

【参考答案】

（1）当装置检修压板投入时，装置发送的 GOOSE 报文中的 test 应置位。

（2）GOOSE 接收端装置应将接收的 GOOSE 报文中的 test 位与装置自身的检修压板状态进行比较，只有两者一致时才将信号作为有效进行处理或动作，否则丢掉。

2. 智能变电站测控装置应能发出哪些表示装置自身状态的信号？（难易度：中）

【参考答案】

装置应能发出装置异常信号，装置电源消失信号，装置出口动作信号，其中装置电源消失信号应能输出相应的报警触点。装置异常及电源消失信号在装置面板上宜直接由 LED 灯显示。

3. 智能变电站主变压器保护 GOOSE 出口软压板退出时，是否发送 GOOSE 跳闸命令？（难易度：中）

【参考答案】

智能变电站中"GOOSE 出口软压板"代替的是常规站保护屏柜上的跳合闸出口硬压板，当"GOOSE 出口软压板"退出后，保护装置不能发送 GOOSE 跳闸命令。

4. 简述智能变电站主变压器保护当某一侧 MU 的压板退出后，怎么处理？（难易度：难）

【参考答案】

智能变电站主变压器保护当某一侧 MU 压板退出后，该侧所有的电流电压采样数据显示为 0，装置底层硬件平台接收处理采样数据，不计入保护，采样数据状态标志位为有效；同时闭锁与该侧相关的差动保护，退出该侧后备保护。当 MU 压板投入后，装置自动开放与该侧相关的差动保护，投入该侧后备保护。

5. 简述 SV 报文品质对母线差动保护的影响。（难易度：中）

【参考答案】

母差保护运行时需要对母线所连的所有间隔的电流信息进行采样计算，所以当任一间隔的电流 SV 报文中品质位为无效时，将会影响母差保护的计算，母线保护将闭锁差动保护。

当母线电压 SV 报文品质位与母差保护现状态不一致时，母差保护报母线电压无效，母差保护复合电压闭锁开放。

6. 智能变电站 220kV 母差保护是否需要配置启动失灵 GOOSE 接收软压板？（难易度：中）

【参考答案】

智能化变电站 220kV 母差保护需要配置启动失灵 GOOSE 接收软压板，原因是智能化母差保护装置失灵保护需要接收线路保护装置、主变压器保护装置、母联保护装置的失灵启动开入，为防止误开入，对应支路应配置失灵启动软压板，只有压板投入的情况下，失灵开入才计算入失灵逻辑，此法提高保护的可靠性。

7. 智能变电站母差保护 SV 接收软压板配置方式？（难易度：易）

【参考答案】

按照虚端子接口标准化设计规范，按间隔配置间隔 SV 接收软压板，并配置一个总的电压 SV 接收软压板。

8. Q/GDW 441《智能变电站继电保护技术规范》中对线路保护有何要求？（难易度：易）

【参考答案】

（1）220kV 及以上线路按双重化配置保护装置，每套保护包含完整的主、后备保护功能。

（2）线路过电压及远跳就地判别功能应集成在线路保护装置中，站内其他装置启动远跳经 GOOSE 网络启动。

（3）线路保护直接采样，直接跳断路器；经 GOOSE 网络启动断路器失灵、重合闸。

9. Q/GDW 441《智能变电站继电保护技术规范》中对变压器保护的采样和跳闸方式有什么要求？（难易度：易）

【参考答案】

变压器保护直接采样，直接跳各侧断路器；变压器保护跳母联、分段断路器及闭锁备自投、启动失灵等可采用 GOOSE 网络传输。变压器保护可通过 GOOSE 网络接收失灵保护跳闸命令，并实现失灵跳变压器各侧断路器；变压器非电量保护采用就地直接电缆跳闸，信息通过本体智能终端上送过程层 GOOSE 网。

10. Q/GDW 441《智能变电站继电保护技术规范》中对母联（分段）保护有什么要求？（难易度：易）

【参考答案】

（1）220kV 及以上母联（分段）断路器按双重化配置母联（分段）保护、合并单元、智能终端。

（2）母联（分段）保护跳母联（分段）断路器采用点对点直接跳闸方式。

（3）母联（分段）保护启动母线失灵可采用 GOOSE 网络传输。

11. 对变压器本体智能终端有哪些功能要求？（难易度：易）

【参考答案】

变压器本体智能终端应包含完整的本体信息交互功能（非电量动作报文、调档及测温等），并可提供用于闭锁调压、启动风冷、启动充氮灭火等出口功能。同时还宜具备就地非电量保护功能，所有非电量保护启动信号均经大概率继电器重动，非电量保护跳闸通过控制电缆以直跳方式实现。

12. 线路两侧纵差保护装置如何实现采样数据同步？（难易度：难）

【参考答案】

对于配置纵差保护的线路来说，两端的保护装置分别安装于不同的变电站中。如果分别以本站的时间同步信号为基准进行采样值的比对，则在时间同步系统故障时无法实现保护功能。

两台保护装置被分别设定为"主机"和"从机"，装置通电后即进行通道延时测算，测算结束后，装置不再传输具体的时间信息。线路两端的采样值进行比对时，是基于两台装置之间信号传输的固有时间差进行同步，而不是基于具体的时间信息。因此，这两种数据同步是不依赖于外部的时间基准信号的。

六、分析题

1. 针对不同母线接线方式，如何配置母线电压合并单元？（难易度：难）

【参考答案】

母线电压应配置单独的母线电压合并单元。母线电压合并单元可接收至少两组电压互感器数据，并支持向其他合并单元提供母线电压数据，根据需要提供电压并列功能。各间隔合并单元所需母线电压量通过母线电压合并单元转发。

（1）双母线接线：两段母线按双重化配置两台合并单元。每台合并单元应具备GOOSE接口，以及接收智能终端传递的母线电压互感器隔离开关位置、母联隔离开关位置和断路器位置，用于电压并列。

（2）双母单分段接线：按双重化配置两台母线电压合并单元，不考虑横向并列。

（3）双母双分段接线：按双重化配置四台母线电压合并单元，不考虑横向并列。

（4）用于检同期的母线电压由母线合并单元点对点通过间隔合并单元转接给各间隔保护装置。

2. 某智能变电站220kV母差保护配置按实际规划配置，现需新增一个间隔。请问母差保护需要完成哪些工作？（难易度：难）

【参考答案】

（1）退出相应差动、失灵保护功能软压板，投入检修压板（保护退出运行），并保证检修压板处于可靠合位，直到步骤（7）。

（2）更新与这个增加间隔相关的配置（SV、GOOSE等）。

（3）投入该支路SV接收压板，在该支路合并单元加相应电流，核对母线保护装置显示的电流幅值和相位信息。

（4）需要开出传动本间隔操作箱，验证跳闸回路的正确性。

（5）投入该支路失灵接收软压板，核对GOOSE信息输入的正确性。

（6）在该支路做相应保护试验，验证逻辑以及回路的正确性（投上相应保护功能软压板）；其余间隔也要测试。

（7）验证结束后，修改相关定值，并将该支路相关的软压板按要求置合位，母差保护功能压板置合位，退出检修状态。

3. 若 220kV 线路合并单元与其他装置 SV 通信中断，面板信号灯全灭，可能的原因是什么？如何检查分析？（难易度：难）

【参考答案】

（1）可能原因如下：

1）装置电源板故障。

2）装置直流空开故障。

（2）检查分析如下：

1）检查后台，确认是否有装置故障（失电）告警信号；若无，则用万用表测量装置电源空开与装置电源板各处直流电压值。

2）若空开上、下端直流电压不一致，则空开故障。

3）若装置电源端子上直流电压值正常，则确认为装置电源板故障。

七、画图题

1. 画出 220kV 智能变电站双套保护配置 220kV 二次交流电压回路。（难易度：中）

【参考答案】

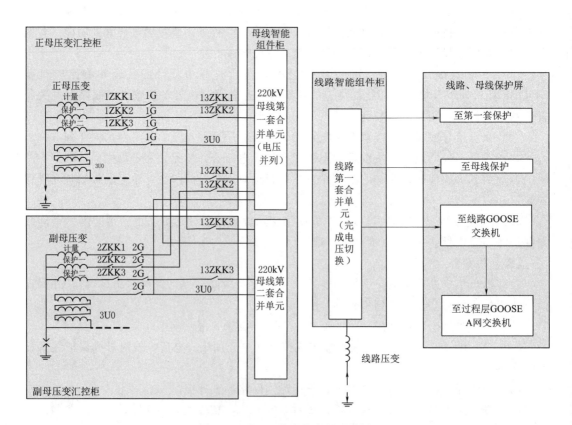

图 6　220kV 二次交流电压回路图

2. 画出智能变电站控制回路断线逻辑示意图。（难易度：难）

【参考答案】

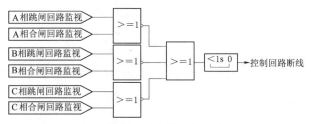

图 7 控制回路断线逻辑示意图

3. 画出智能终端三相不一致告警逻辑示意图。（难易度：难）

【参考答案】

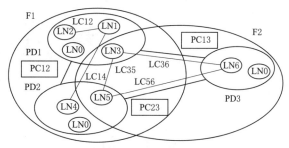

图 8 三相不一致告警逻辑示意图

4. 画出 110kV GOOSE 数据流示意图。（难易度：难）

【参考答案】

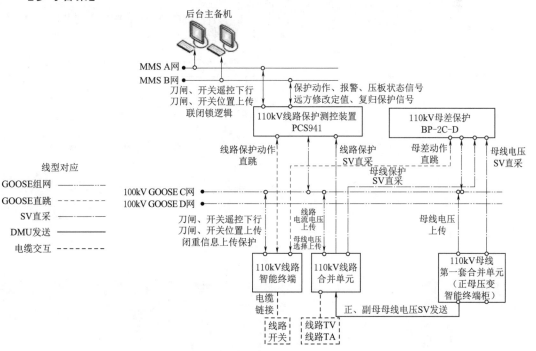

图 9 110kV GOOSE 数据流示意图

5. 画出 110kV 线路保护配置图。（难易度：难）

【参考答案】

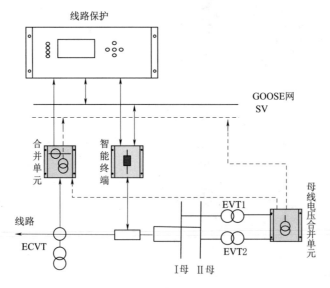

图 10　110kV 线路保护配置图

6. 画出 220kV 变压器保护配置图。（难易度：难）

【参考答案】

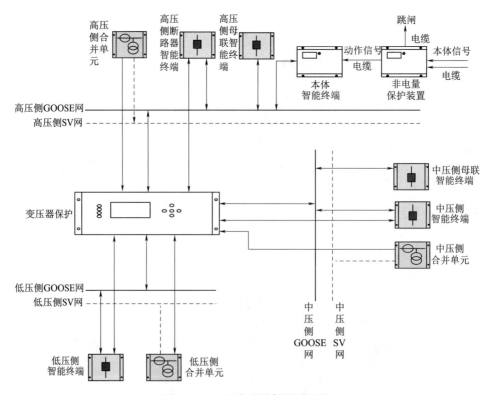

图 11　220kV 变压器保护配置图

7. 画出智能变电站主变压器非电量保护的跳闸模式图（难易度：难）

【参考答案】

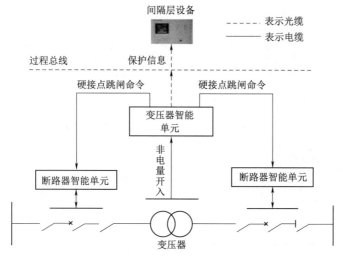

图 12 主变压器非电量保护的跳闸模式图

8. 画出 220kV GOOSE A 网络举例图。（难易度：难）

【参考答案】

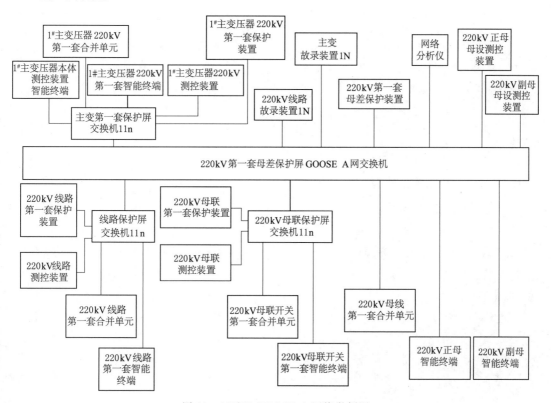

图 13 220kV GOOSE A 网络举例图

9. 画出 110kV 分段开关保护配置图。（难易度：难）

【参考答案】

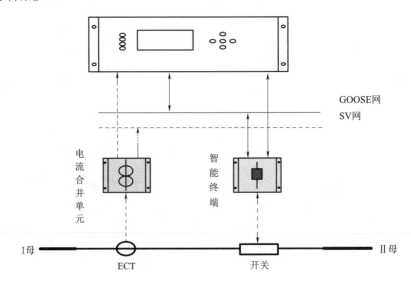

图 14　110kV 分段开关保护配置图

第三章 智能变电站日常运维

一、单选题

1. （　　）是指发出整批指令，由系统根据设备状态信息变化情况判断每步操作是否到位，确认到位后自动执行下一指令，直至执行完所有指令。（难易度：易）

A. 顺序控制　　　　B. 数据控制　　　　C. 站域控制　　　　D. 信息控制

【参考答案】A

2. 智能终端跳合闸出口应采用（　　）。（难易度：易）

A. 软压板　　　　B. 硬压板　　　　C. 软、硬压板与门　D. 不设压板

【参考答案】B

3. 防跳功能宜由（　　）实现。（难易度：中）

A. 智能终端　　　B. 合并单元　　　C. 保护装置　　　　D. 断路器本体

【参考答案】D

4. 智能控制柜应具备温度、湿度的采集、调节功能，柜内温度控制在（　　）。（难易度：易）

A. −20～40℃　　　B. −10～50℃　　　C. −10～40℃　　　D. −0～50℃

【参考答案】B

5. 智能保护装置"交直流回路正常，主保护、后备保护及相关测控功能软压板投入，GOOSE 跳闸、启动失灵及 SV 接收等软压板投入，保护装置检修硬压板取下"，此时该保护装置处于（　　）状态。（难易度：易）

A. 跳闸　　　　　　　　　　　　B. 信号

C. 停用　　　　　　　　　　　　D. 视设备具体运行条件而定

【参考答案】A

6. 智能保护装置"主保护、后备保护及相关测控功能软压板退出，跳闸、启动失灵等 GOOSE 软压板退出，保护检修状态硬压板放上，装置电源关闭"，此时该保护装置处于（　　）状态。（难易度：易）

A. 跳闸　　　　　　　　　　　　B. 信号

C. 停用　　　　　　　　　　　　D. 视设备具体运行条件而定

【参考答案】C

7. 下列（　　）不是智能变电站中不破坏网络结构的二次回路隔离措施。（难易度：易）

A. 断开智能终端跳、合闸出口硬压板

B. 投入间隔检修压板，利用检修机制隔离检修间隔及运行间隔

C. 退出相关发送及接收装置的软压板

D. 拔下相关回路光纤

【参考答案】D

8. 下述不属于 GOOSE 报警功能的是（　　）。（难易度：易）

A. GOOSE 配置不一致报警   B. 断链报警

C. 网络风暴报警   D. 采样值中断

【参考答案】D

9. 除（　　）可采用硬压板外，保护装置应采用软压板，以满足远方操作的要求。该压板投入时，上送带品质位信息，保护装置应有明显显示（面板指示灯和界面显示）。（难易度：易）

A. 主保护投退压板   B. 检修压板

C. 纵联保护投退压板   D. 零序保护投退

【参考答案】B

10. 110kV 变压器电量保护宜按双套配置，双套配置时应（　　）。（难易度：易）

A. 采用主、后备保护一体化配置   B. 采用主、后备保护分开配置

C. 主保护双重化、后备保护单套配置   D. 单套配置

【参考答案】A

11. 国家电网公司典型设计中智能变电站 110kV 及以上的主变压器非电量保护采用（　　）。（难易度：易）

A. 组网跳闸   B. 直接电缆跳闸

C. 两者都可以   D. 经主保护跳闸

【参考答案】B

12. 国家电网公司典型设计中智能变电站 110kV 及以上的主变压器差动保护采用（　　）。（难易度：中）

A. 直采直跳   B. 直采网跳   C. 网采直跳   D. 网采网跳

【参考答案】A

13. 国家电网公司典型设计中智能变电站 110kV 及以上的测控装置采用（　　）。（难易度：易）

A. 直采直跳   B. 直采网跳   C. 网采直跳   D. 网采网跳

【参考答案】D

14. 过程层交换机一般使用（　　）交换数据。（难易度：易）

A. 光口   B. 网口   C. 两种口都可以   D. 两种口都不可以

【参考答案】A

15. 站控层交换机一般使用（　　）交换数据。（难易度：易）

A. 光口   B. 网口   C. 两种口都可以   D. 两种口都不可以

【参考答案】B

16. 实现断路器、隔离开关开入开出命令和信号传输的是（　　）。（难易度：易）

A. SMV　　　　　　B. GOOSE　　　　C. SMV 和 GOOSE　D. 都不是

【参考答案】B

17. 实现电流电压数据传输的是（　　）。（难易度：易）

A. SMV　　　　　　B. GOOSE　　　　C. SMV 和 GOOSE　D. 都不是

【参考答案】A

18. SV 组网的网络架构模式下（　　）考虑对时。（难易度：易）

A. 一定需要　　　B. 一定不需要　　C. 视情况需要　　　D. 视情况不需要

【参考答案】A

19. 主变压器保护和站控层主要通过（　　）网络传输数据。（难易度：易）

A. GOOSE　　　　B. SV　　　　　　C. MMS　　　　　　D. Internet

【参考答案】C

20. （　　）压板不属于 GOOSE 出口软压板。（难易度：易）

A. 跳高压侧　　　B. 闭锁中压备自投　C. 跳闸备用　　　D. 高压侧后备投入

【参考答案】D

21. （　　）压板必须使用硬压板。（难易度：易）

A. 跳高压侧　　　B. 检修　　　　　C. 高压侧后备投入　D. 高压侧电流接收

【参考答案】B

22. 对于主变压器保护，（　　）GOOSE 输入量在 GOOSE 断链的时候必须置0。（难易度：中）

A. 失灵连跳开入　　　　　　　　B. 高压侧开关位置

C. 中压侧开关位置　　　　　　　D. 跳高压侧

【参考答案】A

23. 主变压器高压侧电流数据无效时，以下（　　）保护可以保留。（难易度：中）

A. 高压侧过流　B. 纵差保护　　　C. 高压侧自产零流　D. 过激磁

【参考答案】D

24. 主变压器中压侧相电流数据无效时，以下（　　）保护可以保留。（难易度：中）

A. 中压侧自产零流　B. 中压侧阻抗　C. 中压侧过流　　　D. 中压侧间隙过流

【参考答案】D

25. 以下（　　）不属于变压器智能终端 GOOSE 上送内容。（难易度：中）

A. 延时跳闸　　　B. 非电量开入　　C. 刀闸位置　　　D. 低压侧电流

【参考答案】D

26. 变压器智能终端不包含（　　）保护功能。（难易度：易）

A. 冷控失电　　　B. 过负荷　　　　C. 启动风冷　　　D. 非电量延时跳闸

【参考答案】B

27. 中压侧电流接收压板退出后，以下（　　）保护不受影响。（难易度：难）

A. 中压侧阻抗　B. 中压侧过流　　C. 过激磁　　　　D. 中压侧过负荷

【参考答案】C

28. 母线保护装置对时信号丢失会对以下（　　）保护产生影响。（难易度：难）

A. 都不影响　　　B. 母联过流　　　C. 母联失灵　　　D. 差动

【参考答案】A

29. 220kV 国家电网公司"六统一"母联保护包含（　　）保护。（难易度：易）

A. 充电过流　　　B. 不一致　　　C. 失灵　　　D. 死区

【参考答案】A

30. 组网方式下，当纵联差动保护装置的本地同步时钟丢失时，（　　）保护需要闭锁。（难易度：中）

A. 距离　　　B. 纵联差动　　　C. 零序　　　D. 没有

【参考答案】B

31. 0.2s 级电子式电流互感器在 5%In 点的测量误差限值为（　　）。（难易度：易）

A. ±0.75%　　　B. ±0.2%　　　C. ±0.35%　　　D. ±0.1%

【参考答案】C

32. 0.2s 级电子式电流互感器在 20%In 点的测量误差限值为（　　）。（难易度：易）

A. ±0.75%　　　B. ±0.2%　　　C. ±0.35%　　　D. ±0.1%

【参考答案】B

33. 0.2s 级电子式电流互感器在 100%In 点的测量误差限值为（　　）。（难易度：易）

A. ±0.75%　　　B. ±0.2%　　　C. ±0.35%　　　D. ±0.1%

【参考答案】B

34. 0.2s 级电流互感器在 120%In 点的测量误差限值为（　　）。（难易度：易）

A. ±0.75%　　　B. ±0.2%　　　C. ±0.35%　　　D. ±0.1%

【参考答案】B

35. 3/2 接线方式下过程层交换机宜按（　　）设置。（难易度：易）

A. 串　　　B. 断路器间隔　　　C. 保护装置　　　D. 过程层设备

【参考答案】A

36. 220kV 及以上智能终端的配置原则为（　　）。（难易度：易）

A. 所有间隔均采用双重化配置

B. 除母线和主变压器本体智能终端外，其余间隔宜进行双重化配置

C. 除主变压器间隔双重化配置外，其余间隔均为单套配置

D. 除母线和主变压器间隔双重化配置外，其余间隔均为单套配置

【参考答案】B

37. 当采用双重化配置时，保护和智能终端的对应关系为（　　）。（难易度：中）

A. 两套保护和智能终端分别一一对应

B. 为保证可靠性，单套保护可以对应两套智能终端

C. 为保证可靠性，双套保护均和双套智能终端有关联

D. 没有对应关系

【参考答案】A

38. 智能终端跳合闸回路应设置（　　）。（难易度：易）

A. 软压板　　　　B. 把手　　　　　C. 硬压板　　　　D. 闭锁

【参考答案】C

39. 智能终端的控制电源和遥信电源（　　）。（难易度：易）

A. 可以共享一个空开　　　　　　　B. 分别使用不同的空开来控制

C. 可以共享一个空开，也可以分开　D. 必须共享一个空开

【参考答案】B

40. 户外智能控制柜，至少达到（　　）防护等级。（难易度：易）

A. IP30　　　　　B. IP43　　　　　C. IP54　　　　　D. IP55

【参考答案】D

41. 智能变电站启动过程中保护带负荷试验项目不包括（　　）。（难易度：中）

A. 电压核相　　　　　　　　　　　B. 电流电压相位核对

C. 差动保护差流检查　　　　　　　D. 差动保护模拟传动

【参考答案】D

42. 以下关于智能变电站内的继电保护系统及其中的各设备、回路的调度管理范围描述不正确的是（　　）。（难易度：易）

A. 各级调度机构应按照一次设备的调度管辖范围，将智能变电站内的继电保护系统及其中的各设备、回路纳入调度管理范围

B. 智能终端、按间隔配置的过程层网络交换机及相应网络，按对应间隔的调度关系进行调度管理

C. 过程层网络中跨间隔的公用交换机及相应网络，由交换机所接智能电子设备的最低调度机构进行调度管理

D. 互感器的采集单元、合并单元按对应互感器进行调度管理。接入多组互感器采集量的公用合并单元，由合并单元所接互感器的最高调度机构进行调度管理

【参考答案】C

43. "保护装置电源投入，功能软压板、SV 接收软压板投入，GOOSE 输出软压板退出，保护装置检修压板取下"描述的是智能变电站继电保护的（　　）状态。（难易度：易）

A. 跳闸　　　　　B. 信号　　　　　C. 停用　　　　　D. 检修

【参考答案】B

44. 合并单元、智能终端的运行状态有（　　）。（难易度：易）

A. 跳闸、信号　　B. 跳闸、停用　　C. 信号、停用　　D. 停用、检修

【参考答案】B

45. 现场运维人员通过监控系统不可以对保护装置进行（　　）操作。（难易度：易）

A. 软压板投退　　B. 切换定值区　　C. 装置改检修　　D. 保护复归

【参考答案】C

46. 双母线接线方式下，220kV 线路保护采用单相重合闸方式时应（　　）。（难易度：中）

A. 两套保护装置相互闭锁重合闸

B. 只需第一套保护动作闭锁第二套保护重合闸

C. 只需第二套保护动作闭锁第一套保护重合闸

D. 两套保护装置不需要相互闭锁重合闸

【参考答案】D

47. 两圈变压器保护，通入电流，且产生的差流超过保护动作定值，以下（　　）情况下，主变压器差动保护将会动作。（难易度：难）

A. 高压合并单元检修位为 0，低压合并单元检修位为 1，保护装置检修位为 1

B. 高压合并单元检修位为 1，低压合并单元检修位为 1，保护装置检修位为 0

C. 高压合并单元检修位为 0，低压合并单元检修位为 1，保护装置检修位为 0

D. 高压合并单元检修位为 1，低压合并单元检修位为 1，保护装置检修位为 1

【参考答案】D

48. 智能变电站中，以下对继电保护一般运行规定描述不正确的是（　　）。（难易度：中）

A. 保护测控一体化装置正常运行时控制逻辑压板应投入，解锁压板应投入

B. 主变压器差动保护差流值一般不超过 0.04In，母线差动保护差流值一般不超过 0.04In，线路差动保护差流值一般不应超过理论计算的电容电流

C. 装置异常时，汇报相应调度许可后进行异常处置，投入检修压板，重启一次，重启成功后退出检修压板；重启不成功，按缺陷流程处置

D. 严禁退出运行保护装置内 SV 接收压板，否则保护将失去电压或者电流。母差保护支路 SV 接收软压板投入或退出时，应该检查采样

【参考答案】A

49. 以下关于智能变电站继电保护运行人员操作的描述不正确的是（　　）。（难易度：易）

A. 用于运行操作的压板（包括硬压板和软压板）、把手、按钮、人机界面，应有明确的标识和操作提示

B. 所有操作应有明显的信号、信息指示

C. 软压板，包括 GOOSE 软压板、SV 软压板、保护功能软压板等，其操作应通过装置就地完成。现场运行人员操作前、后均应在监控画面上核对压板实际状态

D. 除规定的软压板、切换定值区、复归保护信号等操作外，不允许运行人员在远方或当地监控系统更改继电保护装置定值

【参考答案】C

50. 智能变电站扩建间隔保护软压板遥控试验时应如何采取安全措施（　　）。（难易度：易）

A. 应将全变电站运行间隔的测控装置置就地状态，保护装置取下"远方操作"硬压板

B. 应将全变电站运行间隔的测控装置置就地状态

C. 应将全变电站运行间隔的保护装置取下"远方操作"硬压板

D. 只需将本间隔测控装置置就地状态，保护装置取下"远方操作"硬压板

【参考答案】A

51. 智能变电站保护装置只发异常或告警信号，未闭锁保护，属于继电保护设备（　　）。（难易度：易）

A. 危急缺陷　　　　　B. 严重缺陷　　　　　C. 一般缺陷　　　　　D. 隐患

【参考答案】B

52. 采用点对点的智能变电站，一次设备未停役，仅某支路合并单元投入检修对母线保护产生了一定影响，下列说法不正确的是（　　）。（难易度：中）

A. 闭锁差动保护　　　　　　　　　B. 闭锁所有支路失灵保护

C. 闭锁该支路失灵保护　　　　　　D. 显示无效采样值

【参考答案】B

53. 某220kV间隔合并单元故障断电时，相应母差（　　）。（难易度：中）

A. 母差强制互联　　　　　　　　　B. 母差强制解列

C. 闭锁差动保护　　　　　　　　　D. 保持原来的运行状态

【参考答案】C

54. 采用点对点的智能变电站，仅母线合并单元投入检修会对母线保护产生了一定的影响的，下列说法不正确的是（　　）。（难易度：中）

A. 闭锁所有保护　　　　　　　　　B. 不闭锁保护

C. 开放该段母线电压　　　　　　　D. 显示无效采样值

【参考答案】A

55. 采用点对点的智能变电站，仅某支路合并单元投入检修对母线保护产生了一定影响，下列说法不正确的是（　　）。（难易度：难）

A. 闭锁差动保护　　　　　　　　　B. 闭锁所有支路失灵保护

C. 闭锁该支路失灵保护　　　　　　D. 显示无效采样值

【参考答案】B

56. 主变压器或线路支路间隔合并单元检修状态与母差保护装置检修状态不一致时，母线保护装置应做（　　）处理。（难易度：难）

A. 闭锁母线保护

B. 检修状态不一致的支路不参与母线保护差流计算

C. 母线保护直接跳闸该支路

D. 保护不做任何处理

【参考答案】A

57. 智能保护装置"交直流回路正常，主保护、后备保护及相关测控功能软压板投入，跳闸、启动失灵等GOOSE软压板退出，保护检修状态硬压板取下"，此时该保护装置处于（　　）状态。（难易度：易）

A. 跳闸　　　　　　　　　　　　　B. 信号

C. 停用　　　　　　　　　　　　　D. 视设备具体运行条件而定

【参考答案】B

58. 某220kV间隔智能终端检修压板投入时，相应母差（　　）。（难易度：中）

A. 强制互联
C. 闭锁差动保护

B. 强制解列
D. 保护原来的运行状态

【参考答案】D

59. 某 220kV 间隔智能终端故障断电时，相应母差（　　）。（难易度：中）

A. 强制互联
C. 闭锁差动保护

B. 强制解列
D. 保护原来的运行状态

【参考答案】D

60. 保护装置、测控装置、报文分析仪等智能设备核相应通过（　　）相位进行确认。（难易度：易）

A. 报文分析仪显示
C. 数字相位表显示

B. 故障录波器显示
D. 本装置实际显示

【参考答案】D

61. 配合一次设备停电检修、其他部件缺陷检查处理、需停电的装置插件更换等情况应使用（　　）智能变电站作业指导书。（难易度：易）

A. 新安装验收检验
C. 全部检验

B. 上述都不符合条件
D. 例行性检验

【参考答案】D

62. 继电保护及自动装置投运后的第一次检验，继电保护整装置更换，合并单元、智能终端装置更换，需停电的装置程序升级（含 CID 文件变更）等情况应使用（　　）智能变电站作业指导书。（难易度：易）

A. 全部检验
C. 例行性检验

B. 上述都不符合条件
D. 新安装验收检验

【参考答案】A

63. 智能变电站继电保护装置检验，检验光纤端口时，应检验（　　）、（　　）、（　　）。（难易度：中）

A. 发送功率；接收功率；最小接收功率
B. 发送功率；接收功率；最大发送功率
C. 发送功率；接收功率；最大接收功率
D. 发送功率；接收功率；最小发送功率

【参考答案】A

64. 智能变电站调试流程中，（　　）环节无法在现场完成。（难易度：中）

A. 动模试验　　　B. 投产试验　　　C. 组态设置　　　D. 系统测试

【参考答案】A

65. GOOSE 断链、SV 通道异常报警，可能造成保护不正确动作的属于（　　）。（难易度：中）

A. 一般缺陷　　　B. 严重缺陷　　　C. 危急缺陷　　　D. 以上均可

【参考答案】C

66. 保护装置的参数、配置文件仅在（　　）投入时才可下装，下装时应闭锁保

护。（难易度：易）

　　A. 主保护投退压板　　　　　　　　B. 检修压板

　　C. 纵联保护投退压板　　　　　　　D. 保护投退压板

【参考答案】B

　　67. 变电站 220V 直流系统处于正常状态，投入跳闸出口压板之前，若利用万用表测量其下口对地电位，则正确的状态应该是（　　　）。（难易度：易）

　　A. 当断路器为合闸位置，压板下口对地为 0V 左右，当断路器为分闸位置，压板下口对地为＋110V 左右

　　B. 当断路器为合闸位置，压板下口对地为 0V 左右，当断路器为分闸位置，压板下口对地为＋0V 左右

　　C. 当断路器为合闸位置，压板下口对地为＋110V 左右，当断路器为分闸位置，压板下口对地为 0V 左右

　　D. 当断路器为合闸位置，压板下口对地为＋110V 左右，当断路器为分闸位置，压板下口对地为＋110V 左右

【参考答案】B

二、多选题

　　1. 智能终端现场巡视主要内容有（　　　）。（难易度：易）

　　A. 检查外观正常　　　　　　　　　B. 无异常发热

　　C. 电源指示正常　　　　　　　　　D. 压板位置正确、无告警

【参考答案】ABCD

　　2. 智能终端除（　　　）情况外，禁止通过投退智能终端的跳、合闸出口硬压板投退保护。（难易度：中）

　　A. 装置异常处理　　B. 事故检查等　　　C. 装置正常运行　　D. 柜内湿度较大

【参考答案】AB

　　3. 对智能变电站的继电保护及自动化装置，运维人员不得（　　　）。（难易度：中）

　　A. 随意拉扯保护屏柜内尾纤　　　　B. 随意拉扯保护屏柜内网线

　　C. 查看保护定值　　　　　　　　　D. 查看软压板的投退情况

【参考答案】AB

　　4. 运行中的（　　　），严禁投入检修压板。（难易度：中）

　　A. 继电保护装置　　B. 安全自动装置　　C. 合并单元　　　　D. 智能终端

【参考答案】ABCD

　　5. 配置双通道的纵联保护其中一个通道告警，可不退出保护但应加强巡视，在检查（　　　）后，应通知检修人员处理。（难易度：中）

　　A. 通道光纤插头无松动

　　B. 光纤无非自然弯曲或破损

　　C. 通道切换装置、复用通道接口装置无异常

　　D. 通道尾纤无脱落

【参考答案】ABCD

6. 操作票中将 220kV B 套母差保护 "4701 支路 SV 投入" 软压板由 "1" 改为 "0" 的操作目的是（　　）。（难易度：中）

A. B 套 220kV 母差保护不再接收 4701 支路的 SV 数据

B. 4701 支路电流数据不再计入母线差流计算

C. B 套 220kV 母差保护正常接收 4701 支路的 SV 数据

D. 4701 支路电流数据正常计入母线差流计算

【参考答案】AB

7. 智能变电站重要移交资料包括（　　）。（难易度：易）

A. 系统配置文件　　　　　　　　　B. 交换机配置图

C. GOOSE 配置图　　　　　　　　D. 全站设备网络逻辑结构图

【参考答案】ABCD

8. 合并单元正常运行时（　　）。（难易度：中）

A. 禁止关闭合并单元电源　　　　　B. 运维人员严禁投入检修压板

C. 运维人员不得检查面板显示　　　D. 运维人员不能进行相关测量工作

【参考答案】AB

9. 下列关于智能终端的说法正确的是（　　）。（难易度：中）

A. 220kV 及以上电压等级智能终端按断路器双重化配置，每套智能终端包括完整的断路器信息交互功能

B. 智能终端应设置防跳功能

C. 220kV 及以上变压器各侧的智能终端均按双重化配置，110kV 变压器各侧智能终端宜按双套配置

D. 智能终端跳合闸出口回路应设置软压板

【参考答案】AC

10. 对于智能变电站母线保护配置，下列说法正确的是（　　）。（难易度：中）

A. 220kV 母线保护双重化配置，相应合并单元、智能终端双重化配置

B. 母线保护与其他保护之间的联闭锁信号采用 GOOSE 网络传输

C. 母差保护有跳闸、停用状态

D. 采用分布式母线保护方案时，各间隔合并单元、智能终端以点对点方式接入对应子单元

【参考答案】ABD

11. 检修（或新建）继电保护装置可以通过操作（　　）等几种方式实现与运行保护的安全距离。（难易度：中）

A. 检修压板　　　　　　　　　　　B. 软压板

C. 智能终端出口硬压板　　　　　　D. 光纤

【参考答案】ABCD

12. 线路保护上的工作，应退出相应保护的（　　）。（难易度：难）

A. 该线路保护失灵 GOOSE 发送软压板

B. 对应母差保护的该线路间隔投入软压板，母线闭重 GOOSE 接收软压板

C. 对应母差保护的跳闸发送软压板

D. 对应母差保护失灵 GOOSE 接收软压板

【参考答案】ABCD

13. 间隔在冷备用状态，二次回路上有检修工作时，应该退出该间隔与运行设备有联络的（　　）情。（难易度：中）

　　A. 失灵启动　　　　B. 联跳压板　　　　C. 母差出口　　　　D. SV 接收软压板

【参考答案】ABCD

14. 220kV 三绕组变压器 110kV 侧开关由运行转检修操作，除一次设备操作外，还应退出（　　）。（难易度：中）

　　A. 110kV 母差保护中 SV 接收软压板

　　B. 110kV 母差保护中主变压器间隔 GOOSE 跳闸出口软压板

　　C. 主变压器差动保护 110kV 侧 SV 接收软压板

　　D. 主变压器保护高压侧 GOOSE 跳闸出口软压板

【参考答案】ABC

15. 合并单元装置投入状态是指（　　）。（难易度：易）

　　A. 装置直流电源投入

　　B. 装置运行正常

　　C. 合并单元检修状态硬压板置于投入位置

　　D. 合并单元检修状态硬压板置于退出位置

【参考答案】ABD

16. 合并单元装置停用状态是指（　　）。（难易度：易）

　　A. 装置直流电源投入

　　B. 装置直流电源退出

　　C. 合并单元检修状态硬压板置于投入位置

　　D. 合并单元检修状态硬压板置于退出位置

【参考答案】BC

17. 根据国网反措，（　　）保护必须双重化配置。（难易度：易）

　　A. 220kV 主变压器　B. 220kV 线路　　　　C. 220kV 母线　　　　D. 开关失灵保护

【参考答案】ABC

18. 智能变电站出线开关正常运行时，应按整定及运行要求投入（　　）。（难易度：易）

　　A. 保护装置的功能投入软压板　　　　　　B. GOOSE 发送（接收）软压板

　　C. 检修状态硬压板　　　　　　　　　　　D. 智能终端装置跳合闸出口硬压板

【参考答案】ABD

19. 以下智能设备属于一般缺陷的是（　　）。（难易度：易）

　　A. 合并单元或智能终端故障

　　B. 在线监测系统异常，故障或通信异常

　　C. 网络记录仪故障

D. 辅助系统故障或通信中断

【参考答案】BCD

20. 如下说法正确的是（　　　）。（难易度：易）

A. 方向光纤闭锁保护跳闸状态时，主保护功能软压板退出

B. 方向光纤闭锁保护信号状态时，主保护功能软压板退出

C. 方向光纤闭锁保护停用状态时，保护装置直流电源投入

D. 微机光纤闭锁保护停用状态时，保护装置检修压板投入

【参考答案】BCD

21. 智能变电站巡视包含（　　　）。（难易度：易）

A. 正常巡视　　　　B. 全面巡视　　　　C. 例行巡视　　　　D. 熄灯巡视

【参考答案】BCD

22. 智能变电站备用电源自投装置投入状态是指（　　　）。（难易度：易）

A. 装置交直流电源投入

B. 按定值单要求投入装置功能软压板

C. 投入 GOOSE 跳闸出口软压板，投入 GOOSE 合闸出口软压板

D. 保护装置检修状态硬压板置于退出位置

【参考答案】ABCD

23. 主变压器智能终端检修压板投入时（　　　）。（难易度：中）

A. 发出的 GOOSE 品质位为检修　　　B. 发出的 GOOSE 品质位为非检修

C. 只响应品质位为检修的命令　　　D. 只响应品质位为非检修的命令

【参考答案】AC

24. 某 220kV 线路，一端是智能变电站，一端是常规站，下列说法正确的有（　　　）。（难易度：难）

A. 智能变电站端两套线路保护中的重合闸均投入

B. 常规变电站端两套线路保护中的重合闸均投入

C. 智能变电站端两套线路保护中的重合闸任意投入一套

D. 常规站端两套线路保护中的重合闸需投入第二套

【参考答案】AD

25. 在使用 GOOSE 跳闸的智能变电站中，以下哪些情况可能导致保护动作但开关未跳闸（　　　）。（难易度：难）

A. 智能终端检修压板投入，保护装置检修压板未投入

B. 保护装置 GOOSE 出口压板未投入

C. 智能终端出口压板未投入

D. 保护到智能终端的直跳光纤损坏

【参考答案】ABCD

26. 间隔在正常运行状态时，禁止投入（　　　）和智能终端的检修状态硬压板。（难易度：中）

A. 保护装置　　　B. 自动装置　　　C. 测控装置　　　D. 合并单元

【参考答案】ABCD

27. 智能变电站继电保护安全措施票内容应包括。（难易度：中）

A. 原始状态 　　　　　　　　　 B. 安全措施

C. 启动安全注意事项 　　　　　 D. 现场运行方式

【参考答案】ABC

28. 线路保护动作后，对应的智能终端没有出口，可能的原因是（　　）。（难易度：中）

A. 线路保护和智能终端GOOSE断链

B. 线路保护和智能终端检修压板不一致

C. 线路保护的GOOSE出口压板没有投

D. 线路保护和合并单元检修压板不一致

【参考答案】ABC

29. 直采直跳方式的变压器保护，当低压侧开关停用检修时，下列做法（　　）是正确的。（难易度：中）

A. 投入装置总检修压板

B. 退出低压侧开关SV接收压板

C. 退出跳低压侧开关GOOSE压板

D. 不投退任何压板，仅拔掉低压侧采样及跳闸对应的光纤

【参考答案】BC

30. 某220kV线路第一套智能终端故障不停电消缺时，可做的安全措施有（　　）。（难易度：难）

A. 退出该线路第一套线路保护跳闸压板　B. 退出该智能终端出口压板

C. 投入该智能终端检修压板　　　　　　D. 断开该智能终端GOOSE光缆

【参考答案】BCD

三、判断题

1. 根据Q/GDW 441，智能控制柜应具备温度、湿度的采集、调节功能，柜内温度控制在−10～50℃，湿度保持在90%以下。（难易度：易）

【参考答案】正确

2. 根据Q/GDW 441，智能变电站光缆应采用金属铠装、阻燃、防鼠咬的光缆。（难易度：易）

【参考答案】错误

3. "远方修改定值"软压板只能在装置本地修改。"远方修改定值"软压板投入时，装置参数、装置定值可远方修改。（难易度：中）

【参考答案】正确

4. 新安装保护、合并单元、智能终端装置验收时应检验其检修状态及组合行为。（难易度：易）

【参考答案】正确

5. 只有支路停役断路器分开时，母差相关支路的SV接收压板才可以退出。（难易度：难）

【参考答案】正确

6. 智能终端收到 GOOSE 跳闸报文后，以遥信的方式转发跳闸报文来进行跳闸报文的反校。（难易度：中）

【参考答案】正确

7. 智能终端不设置软压板是因为智能终端长期处于开关场就地，液晶面板容易损坏；同时也是为了符合运行人员的操作习惯，所以智能终端不设软压板，而设置硬压板。（难易度：易）

【参考答案】正确

8. 智能终端应以虚遥信点方式转发收到的跳合闸命令。（难易度：易）

【参考答案】正确

9. 智能终端的断路器防跳、三相不一致保护功能以及各种压力闭锁功能宜在断路器本体操动机构中实现。（难易度：中）

【参考答案】正确

10. 智能控制柜内宜设置截面不小于 100mm² 的接地铜排，并使用截面不小于 100mm² 的铜缆和电缆沟道内的接地网连接。控制柜内装置的接地端子应用截面不小于 4mm² 的多股铜线和接地铜排连接。（难易度：易）

【参考答案】正确

11. 智能终端配置单工作电源。（难易度：易）

【参考答案】正确

12. 智能变电站继电保护改跳闸操作时，应先取下装置"检修状态"硬压板，投入（检查）SV 接收软压板、GOOSE 接收软压板、保护功能软压板，检查装置状态正常、差流合格，最后才投入 GOOSE 发送软压板。（难易度：易）

【参考答案】正确

13. 智能终端配置液晶显示屏，并应具备（断路器位置）指示灯位置显示和告警。（难易度：易）

【参考答案】错误

14. 智能终端安装处应保留总出口压板和检修压板。（难易度：易）

【参考答案】正确

15. 智能终端应有完善的闭锁告警功能，包括电源中断、通信中断、通信异常、GOOSE 断链、装置内部异常等信号；其中装置异常及直流消失信号在装置面板上宜接有 LED 指示灯。（难易度：易）

【参考答案】正确

16. 智能终端可具备状态监测信息采集功能，能够接收安装于一次设备和就地智能控制柜传感元件的输出信号，比如温度、湿度、压力、密度、绝缘、机械特性以及工作状态等，支持以 MMS 方式上传一次设备的状态信息。（难易度：中）

【参考答案】正确

17. 在没有专用工具的情况下，可以通过观察光纤接口是否有光来判断该光纤是否断线，但不应长时间注视。（难易度：易）

【参考答案】错误

18. 智能变电站中不破坏网络结构的二次回路隔离措施是拔下相关回路光纤。（难易度：易）

【参考答案】错误

19. 智能保护装置跳闸状态是指：保护交直流回路正常，主保护、后备保护及相关测控功能软压板投入，GOOSE 跳闸、启动失灵及 SV 接收等软压板投入，保护装置检修硬压板退出。（难易度：易）

【参考答案】正确

20. 智能保护装置信号状态是指：保护交直流回路正常，主保护、后备保护及相关测控功能软压板投入，跳闸、启动失灵等 GOOSE 软压板退出，保护检修状态硬压板投入。（难易度：易）

【参考答案】错误

21. 智能保护装置停用状态是指：主保护、后备保护及相关测控功能软压板退出，跳闸、启动失灵等 GOOSE 软压板退出，保护检修状态硬压板放上。（难易度：易）

【参考答案】错误

22. 变压器一侧断路器改检修时，先拉开该断路器，由于一次已无电流，对主变压器保护该间隔 "SV 接收软压板" 及该间隔合并单元 "检修状态压板" 的操作可由运行人员根据操作方便自行决定操作顺序。（难易度：难）

【参考答案】错误

23. 某间隔断路器改检修时，为避免合并单元送出无效数据影响运行设备的保护功能，断路器拉开后应首先投入该间隔合并单元 "检修状态压板"。（难易度：中）

【参考答案】错误

24. 为保证母差保护正常运行，某运行间隔改检修时，应先投入该间隔合并单元 "检修状态压板"，再退出母差保护内该间隔的 "间隔投入软压板"。（难易度：中）

【参考答案】错误

25. 母差保护的某间隔 "间隔投入软压板" 可以在该间隔有电流的情况下退出。（难易度：易）

【参考答案】正确

26. 母差保护，当任一运行间隔合并单元投入检修状态，则母差保护退出运行。（难易度：中）

【参考答案】正确

27. 智能变电站中当 "GOOSE 出口软压板" 退出后，保护装置可以发送 GOOSE 跳闸命令，但不会跳闸出口。（难易度：中）

【参考答案】错误

28. 智能变电站主变压器保护当某一侧合并单元压板退出后，该侧所有的电流电压采样数据显示为 0，同时闭锁与该侧相关的差动保护，退出该侧后备保护。（难易度：难）

【参考答案】正确

29. 智能变电站 220kV 母差保护需设置失灵启动和解除复压闭锁接收压板。（难易

度：难）

【参考答案】错误

30. 在智能变电站日常工作中会涉及修改软压板，所以软压板不再作为定值整定。（难易度：中）

【参考答案】正确

31. 遥控操作通过第二套智能终端装置实现。（难易度：难）

【参考答案】错误

32. 光纤、光接头等光器件在未连接时应用相应的保护罩套好。在没有做好安全措施的情况下，不应拔插光纤插头。（难易度：易）

【参考答案】正确

33. 采用网采、网跳的变电站，应加强交换机缺陷处理，防止由于交换机故障引发变电站全停事件。（难易度：易）

【参考答案】正确

34. 双重化配置的两套保护装置及对应的合并单元、智能终端不应交叉停运。（难易度：易）

【参考答案】正确

35. 当"远方操作"硬压板投入后，"远方修改定值""远方切换定值区""远方投退压板"远方功能才有效。（难易度：易）

【参考答案】正确

36. 调度单独发令操作投退 220kV 线路重合闸时，运行应同时操作两套线路保护重合闸软压板。（难易度：易）

【参考答案】正确

37. 智能变电站 SCD 文件按版本保存，每次修改后投入使用的版本号不得重复，并要有简要修改情况的说明。（难易度：易）

【参考答案】正确

38. 智能变电站装置检修状态通过软压板开入实现，检修压板应只能就地操作。（难易度：易）

【参考答案】错误

39. 国家电网公司典型设计中智能变电站 110kV 及以上的测控装置采用直采网跳。（难易度：易）

【参考答案】错误

40. 过程层交换机一般使用光口交换数据。（难易度：易）

【参考答案】正确

41. 站控层交换机一般使用网口交换数据。（难易度：易）

【参考答案】正确

42. 智能控制柜应具备温度、湿度的采集、调节功能，柜内温度控制在 −10～50℃。（难易度：易）

【参考答案】正确

43. 主时钟应双重化配置，应优先采用北斗导航系统。（难易度：易）

【参考答案】正确

44. 某 220kV 线路间隔停役检修时，在不断开光缆连接的情况下，可退出两套线路保护跳闸压板来作为安全措施。（难易度：难）

【参考答案】错误

45. 110kV 变电站站控层网络宜采用单星型以太网络。（难易度：中）

【参考答案】正确

46. 直采直跳方式的变压器保护，当低压侧开关停用检修时，需退出跳低压侧开关 GOOSE 压板及退出低压侧开关 SV 接收压板。（难易度：中）

【参考答案】正确

47. 智能变电站软压板一般不再作为定值整定。（难易度：易）

【参考答案】正确

48. 现场检修工作时，SV 采样网络与 GOOSE 网络可以联通。（难易度：中）

【参考答案】错误

49. 智能变电站调试流程中只有现场调试和投产试验是在现场完成，系统测试则需在实验室完成。（难易度：易）

【参考答案】错误

50. 数字化线路保护中，线路一侧是常规互感器，线路对侧是电子式互感器，如果不进行任何处理，正常运行时不会出现差动电流。（难易度：中）

【参考答案】错误

51. 合并单元装置启动完毕后即可对外发送采样数据。（难易度：中）

【参考答案】错误

52. 远方调度通过遥调的方式对定值区进行修改，定值区号放入遥信数据集。（难易度：中）

【参考答案】错误

53. 正常运行时，如果运行人员误投入装置检修压板，可能造成保护误动。（难易度：中）

【参考答案】错误

54. 国家电网公司企业标准规定，合并单元和智能终端必须配置液晶显示。（难易度：易）

【参考答案】错误

55. 保护当前定值区号按标准从 1 开始，保护编辑定值区号按标准从 0 开始，0 区表示当前允许修改定值。（难易度：难）

【参考答案】错误

56. 新安装的保护装置可按装置类型检验后台各软压板控制功能及图元描述准确性。（难易度：难）

【参考答案】错误

57. 智能终端装置电源模块应为满足现场运行环境的工业级或军工级产品，电源端口

必须设置过电压保护或浪涌保护器件抑制浪涌骚扰。（难易度：易）

【参考答案】正确

58. 智能终端装置内 CPU 芯片和电源功率芯片应采用自然散热。（难易度：易）

【参考答案】正确

59. 智能终端装置应采用全密封、高阻抗、小功耗的继电器，尽可能减少装置的功耗和发热，以提高可靠性；装置的所有插件应接触可靠，并且有良好的互换性，以便检修时能迅速更换。（难易度：易）

【参考答案】正确

60. 智能终端不配置液晶显示屏，但应具备（断路器位置）指示灯显示和告警。（难易度：易）

【参考答案】错误

61. 智能变电站主变压器保护当某一侧合并单元压板退出后，该侧所有的电流电压采样数据显示为 0，同时闭锁与该侧相关的差动保护，退出该侧后备保护。（难易度：中）

【参考答案】正确

62. 重启合并单元后，发送的 SV 报文内容应反映当前所有开入量的真实状态。（难易度：中）

【参考答案】错误

63. 失灵启动母差、失灵联跳主变压器三侧开关的 GOOSE 软压板分别配置在发送侧、接收侧，两侧软压板应同投同停。（难易度：中）

【参考答案】正确

64. 智能变电站的断路器保护失灵逻辑实现与传统变电站原理相同，本断路器失灵时，经 GOOSE 网络通过相邻断路器保护或母线保护跳相邻断路器。（难易度：难）

【参考答案】正确

65. 一次设备未停役，仅某支路合并单元投入检修时闭锁所有支路失灵保护。（难易度：中）

【参考答案】错误

66. 对于多路 SV 输入的保护装置，一个 SV 接收软压板退出时只退出该路采样值，该 SV 中断或检修均不影响本装置运行。（难易度：易）

【参考答案】正确

67. 智能终端出口硬压板、装置间的光纤插拔可实现具备明显断点的二次回路安全措施。（难易度：易）

【参考答案】正确

68. 某 220kV 间隔智能终端检修压板投入时，相应母差强制互联。（难易度：难）

【参考答案】错误

69. 采用点对点直接采样模式的智能变电站，仅母线合并单元投入检修时开放该段母线电压，但不闭锁保护 。（难易度：难）

【参考答案】正确

70. 对于内桥接线的桥开关备自投，需要接入主变压器低后备保护 GOOSE 信号作为

放电条件。（难易度：难）

【参考答案】 错误

71. 母差保护的某间隔"间隔投入软压板"必须在该间隔无电流情况下才能退出。（难易度：中）

【参考答案】 正确

72. 220kV 及以上变压器各侧的智能终端均按双重化配置；110kV 变压器各侧终端宜按双套配置。（难易度：中）

【参考答案】 正确

73. 应用数字化继电保护测试仪进行保护装置调试时，可以读取保护装置输出的 GOOSE 报文关联测试仪的开入开展测试。（难易度：中）

【参考答案】 错误

74. 对于双套保护配置，智能终端应与保护装置的 GOOSE 跳合闸一一对应；智能终端双套操作回路的跳闸硬接点开出应与断路器的跳闸线圈一一对应，且双重化智能终端跳闸线圈回路应保持完全对立。（难易度：中）

【参考答案】 正确

75. 如果智能变电站的线路差动保护采用来自电子式电流互感器的采样值，那么对侧常规变电站的线路间隔也必须配置相同型号的电子式电流互感器。（难易度：中）

【参考答案】 错误

76. IED 通信一致性测试可以代替工程上的系统测试，相关 IED 进行过一致性测试后，工程上可以直接使用，不需要再进行通信方面的测试。（难易度：易）

【参考答案】 错误

77. 母线电压宜配置单独的母线电压合并单元。（难易度：中）

【参考答案】 错误

四、填空题

1. 配置文件离线验证正确无误后，方可在采取必要的（　　）后，下载到各相关设备，并进行相应试验。（难易度：中）

【参考答案】 安全措施

2. 更改 SCD 文件应遵循（　　）原则，明确修改、校核、审批、执行流程。（难易度：难）

【参考答案】 源端修改、过程受控

3. 对于（　　），一台母线电压合并单元对应一段母线；对于（　　），一台母线电压合并单元宜同时接收两段母线电压；对于双母线单分段接线，一台母线电压合并单元宜同时接收三段母线电压；对于双母线双分段接线，宜按分段划分为两个双母线来配置母线电压合并单元。（难易度：中）

【参考答案】 单母线接线；双母线接线

4. 对于接入了（　　）母线电压的母线电压合并单元，母线电压（　　）功能宜由合并单元完成。（难易度：中）

【参考答案】 两段及以上；并列

5. 智能终端、合并单元设备检修状态硬压板投入后，必须查看相应（　　），确认后继续操作。（难易度：易）

【参考答案】面板指示灯

6. 装置校验时，要确保检修状态硬压板在投入状态的组织措施和技术措施，校验过程中任何人不得操作（　　）。（难易度：易）

【参考答案】检修状态硬压板

7. 保护装置的远方切换定值区软压板、远方控制 GOOSE 软压板正常置（　　）位置。（难易度：易）

【参考答案】远方

8. 智能变电站断路器失灵、重合闸信号经（　　）启动。（难易度：中）

【参考答案】GOOSE 网络

9. 220kV 及以上线路按（　　）配置保护装置，每套保护包含完整的主、后备保护功能。（难易度：易）

【参考答案】双重化

10. 智能变电站标准化调试流程：组态配置→系统测试→系统动模→（　　）→投产试验。（难易度：易）

【参考答案】现场调试

11. 智能变电站现场调试主要包括回路、通信链路检验及（　　）。辅助系统（含视频监控、安防等）调试宜在现场调试阶段进行。（难易度：中）

【参考答案】传动试验

12. 对智能变电站保护装置进行调试时，检查装置相应的输出事件时标与保护实际动作时间差，应不大于（　　）。（难易度：中）

【参考答案】5ms

13. 采样值无效标识累计数量或无效频率超过保护允许范围，可能误动的保护功能应（　　），与该异常无关的保护功能应正常投入，采样值恢复正常后被闭锁的保护功能应能即使开放。（难易度：中）

【参考答案】瞬时可靠闭锁

14. 智能变电站保护整组试验是指在单体试验的基础上，以（　　）为指导，着重验证保护装置之间的相互配合。（难易度：中）

【参考答案】SCD 文件

15. 智能变电站改建或扩建时，应将改造或扩建时同之前的 SCD 文件进行（　　）。（难易度：中）

【参考答案】比对

16. 500kV 线路保护定期检验时，应退出（　　）的启失灵至运行设备软压板。（难易度：中）

【参考答案】断路器保护

17. 220kV 线路保护定期检验时应退出母差保护相应间隔的间隔投入压板和（　　）。（难易度：中）

【参考答案】失灵接收压板

18. 在一次设备不停电的情况下进行母差保护检验时需将检验的母差保护装置软压板中所有 GOOSE 跳闸软压板退出，且（　　）被检验母差保护装置检修压板。（难易度：中）

【参考答案】投入

19. 保护装置"检修状态压板""（　　）"和"远方控制"GOOSE 软压板操作和定值整定工作应在现场就地进行。（难易度：中）

【参考答案】远方修改定值

五、简答题

1. 智能变电站保护装置检验分为哪几种？（难易度：中）

【参考答案】

（1）新安装装置的验收检验。

（2）运行中装置的定期检验（简称定期检验）。

（3）运行中装置的补充检验（简称补充检验）。

2. 简述 110kV 智能变电站中双重化配置的主变压器保护与合并单元、智能终端的链接关系。（难易度：易）

【参考答案】

110kV 及以上智能变电站中主变压器保护通常双重化配置，对应的变压器各侧的合并单元和断路器智能终端也双重化配置，本体智能终端单套配置，其中第一套主变压器保护仅与各侧第一套合并单元及智能终端通过点对点方式连接，第二套主变压器保护仅各侧第二套合并单元及智能终端通过点对点方式连接，第一套与第二套间没有直接物理连接和数据交互，分别独立。

3. 智能变电站母线保护在采样通信中断时是否应该闭锁母差保护，为什么？（难易度：难）

【参考答案】

要闭锁。因为当采样通信中断后母差保护采不到中断间隔的电流值，如果不闭锁可能导致母差保护误动。母线电压采样中断，母差保护电压闭锁开放。

4. 智能保护装置的"停运"状态的具体含义是什么？（难易度：易）

【参考答案】

"停用"状态是指：主保护、后备保护及相关测控功能软压板退出，跳闸、启动失灵等 GOOSE 软压板退出，保护检修状态硬压板放上，装置电源关闭。

5. 在使用 GOOSE 跳闸的智能变电站中，哪些情况可能导致保护动作但开关未跳闸？（难易度：难）

【参考答案】

（1）智能终端检修压板投入，保护装置检修压板未投入。

（2）保护装置 GOOSE 出口压板未投入。

（3）智能终端出口压板未投入。

（4）保护到智能终端的直跳光纤损坏。

6. 智能变电站保护软压板投退注意事项有哪些？（难易度：易）

【参考答案】

设备投运前，后台监控界面保护装置软压板应与设备实际一一对应，对母差、失灵保护压板应有相应间隔名称对应。保护压板投退在后台操作，操作前、后均应在监控界面上核对压板实际状态。因通信中断无法远程投退软压板时，应履行手续转为就地操作。后台操作、就地操作必须两人进行，一人操作，一人监护。

7. 智能变电站双重化配置的 220kV A 套主变压器保护因异常退出时需要做的安全措施有哪些？（难易度：难）

【参考答案】

（1）退出该变压器保护装置所有功能及 GOOSE 出口、启动失灵压板。

（2）退出主变压器各侧 A 套智能终端出口压板。

（3）退出相应 220kV A 套母联智能终端出口压板。

（4）退出相应 A 套母线保护的该间隔的失灵接收软压板。

8. 如何判断 SV 数据是否有效？（难易度：易）

【参考答案】

SV 采样值报文接收方应根据对应采样值报文中的"validity""test"品质位，来判断采样数据是否有效，以及是否为检修状态下的采样数据。

9. 简述智能变电站中如何隔离一台保护装置与站内其余装置的 GOOSE 报文有效通信？（难易度：中）

【参考答案】投入待隔离保护装置的"检修状态"硬压板；退出待隔离保护装置所有的"GOOSE 出口"软压板；退出所有与待隔离保护装置相关装置的"GOOSE 接收"软压板；解除待隔离保护装置背后的 GOOSE 光纤。

10. 某智能变电站 220kV 母差保护配置按远期规划配置，现阶段只有部分间隔带电运行，在运行过程中需要注意哪些问题？（难易度：难）

【参考答案】

（1）未投入运行的间隔相关压板（SV 接收软压板、失灵开入 GOOSE 软压板、GOOSE 跳闸软压板）应保证处于"退出"状态。

（2）为提高可靠性，未投入支路（备用支路）参数—"TA 一次值"可整定为 0。

11. 简述监控后台切换保护装置定值区的操作顺序。（难易度：中）

【参考答案】

监控后台切换保护装置定值区的操作顺序如下：

（1）保护改"信号"状态。

（2）切换定值区。

（3）核对定值。

（4）保护改"跳闸"状态。

12. 智能化保护在工作结束验收时应注意哪些事项？（难易度：难）

【参考答案】

智能化保护工作结束验收时，应检查保护装置有无故障或告警信号，保护定值及定值区切换正确，GOOSE 链路正常，分相电流差动通道正常，检查保护状态是否为许可前状态，并取下保护装置检修状态压板，检查监控后台有无相应告警光字信息和报文。

13. 在对220kV线路间隔第一套保护的定值进行修改时，需采取哪些安全措施？（难易度：难）

【参考答案】

考虑一次设备不停运，仅220kV线路第一套保护功能退出时，安全措施如下：

（1）投入该间隔第一套保护装置检修压板。

（2）退出该间隔第一套保护装置GOOSE发送软压板：GOOSE跳闸出口软压板、GOOSE启动失灵压板、GOOSE重合闸出口压板。

（3）投入测保装置硬压板：装置检修退出。

（4）该线路间隔第一套智能终端保护出口硬压板：A相跳闸压板、B相跳闸压板、C相跳闸压板、A相合闸压板、B相合闸压板、C相合闸压板。（但第一套母差无法跳该线路间隔智能终端，仅依靠第二套母差保证安全性）。

14. 交换机巡视项目有哪些？（难易度：易）

【参考答案】

（1）检查设备外观正常，温度正常。

（2）交换机运行灯、电源灯、端口连接灯指示正确。

（3）装置无告警灯光显示。

（4）交换机每个端口所接光纤（网线）的标识完备。

（5）监控系统中变电站网络通信状态正常。

（6）交换机通风装置运行正常，定期测温正常。

15. 合并单元现场巡视项目有哪些？（难易度：易）

【参考答案】

（1）检查外观正常、无异常发热、电源及各种指示灯正常，无告警。

（2）隔离开关位置指示灯与实际隔离开关位置指示一致。

（3）检查各间隔电压切换运行方式指示与实际一致。

（4）正常运行时，合并单元检修硬压板在退出位置。

（5）双母线接线，双套配置的母线电压合并单元并列把手应保持一致。

（6）检查光纤连接牢固，光纤无损坏、弯折现象。

（7）模拟量输入式合并单元电流端子排测温检查正常。

（8）检查监控后台有无SV断链等合并单元相关告警信息。

16. 智能终端现场巡视项目有哪些？（难易度：易）

【参考答案】

（1）检查外观正常、无异常发热、电源及各种指示灯正常，无告警。

（2）智能终端前面断路器、隔离开关位置指示灯与实际状态一致。

（3）正常运行时，装置检修压板在退出位置。

（4）装置上硬压板及转换开关位置应与运行要求一致。

（5）检查光纤连接牢固，光纤无损坏、弯折现象。

（6）屏柜二次电缆接线正确，端子接触良好、编号清晰、正确。

（7）检查监控后台有无 GOOSE 断链等智能终端相关告警信息。

17. 测控装置现场巡视项目有哪些？（难易度：易）

【参考答案】

（1）装置外观正常、标识完好。

（2）指示灯指示正常，液晶屏幕显示正常无告警。

（3）光纤、网线、电缆连接牢固、标识完好。

（4）空气开关、把手、检修硬压板、允许远方操作硬压板位置正确。

（5）同期、SV 接收、防误闭锁等软压板位置正确。

（6）专业巡视还应定期检查测控装置交流量数据正确。

18. 交直流一体化电源系统中交流不间断电源（逆变电源）装置现场巡视项目有哪些？（难易度：易）

【参考答案】

（1）检查设备运行正常，面板、指示灯、仪表显示正常，风扇运行正常，无异常告警、无异常声响振动。

（2）交流不间断电源输入、输出电压、电流正常，低压断路器位置指示正确，各部分无烧伤、损坏。

（3）装置各指示灯及液晶屏显示正常，无告警。

（4）旁路开关在断开位置，闭锁可靠。

19. 核对软压板时有哪些注意事项？（难易度：易）

【参考答案】

（1）定期在监控后台核对保护软压板位置。

（2）核对压板时，现场和后台应同时进行，核查状态是否对应。

（3）核对压板时，严禁修改压板的状态。

（4）软压板退出后进行检修隔离的安全措施，检修人员应在装置上进行再次确认核对正确。

六、分析题

1. 智能变电站验收时如何对检修功能压板进行检查？（难易度：中）

【参考答案】

验收时应对检修功能压板进行如下检查：

（1）检修压板采用硬压板。检修压板投入时，上送带品质位信息，保护装置应有明显显示（面板指示灯或界面显示）。参数、配置文件仅在检修压板投入时才可下装，下装时应闭锁保护。

（2）采样检修状态测试。采样与装置检修状态一致条件下，采样值参与保护逻辑计算；检修状态不一致时，应发告警信号并闭锁相关保护。

（3）GOOSE 检修状态测试。GOOSE 信号与装置检修状态一致条件下，GOOSE 信号参与保护逻辑计算；检修状态不一致时，外部输入信息不参与保护逻辑计算。

（4）当后台接收到的报文为检修报文时，报文内容应不显示在简报窗中，不发出音响告警，但应该刷新画面，保证画面的状态与实际相符。检修报文应存储，并可通过单独的窗口进行查询。

2. 如何强化智能变电站运行管理？（难易度：中）

【参考答案】

（1）运维单位应完善智能变电站现场运行规程，细化智能设备各类报文、信号、硬压板、软压板的使用说明和异常处置方法，应规范压板操作顺序，现场操作时应严格按照顺序进行操作，并在操作前后检查保护的告警信号，防止误操作事故。

（2）应加强 SCD 文件在设计、基建、改造、验收、运行、检修等阶段的全过程管控，验收时要确保 SCD 文件的正确性及其与设备配置文件的一致性，防止因 SCD 文件错误导致保护失效或误动。

第四章 智能变电站异常及事故处理

一、单选题

1. 根据 Q/GDW 396《IEC 61850 工程继电保护应用模型》，GOOSE 光纤拔掉后装置（　　）报 GOOSE 断链。（难易度：中）

    A. 立刻　　　　　　B. T0 时间后　　　　　C. 2T0 时间后　　　　D. 3T0 时间后

【参考答案】D

2. 当智能终端产生告警时，智能变电站中一般（　　）。（难易度：中）

    A. 采用多个空接点上送告警信号　　　　B. 采用 GOOSE 上送告警信号

    C. 采用装置告警上送告警信号　　　　　D. 采用 SV 上送告警信号

【参考答案】B

3. 母差保护运行时需要对母线所连的所有间隔的电流信息进行采样计算，所以当任一间隔的电流 SV 报文中品质位为无效时，将会影响母差保护的计算，母差保护将闭锁差动保护。当母联电流品质异常时，应置母线（　　）状态。（难易度：难）

    A. 检修　　　　　　B. 分裂运行　　　　　C. 互联　　　　　　D. 以上都不对

【参考答案】C

4. 过程层交换机故障属于智能变电站继电保护设备（　　）。（难易度：中）

    A. 危急缺陷　　　　B. 严重缺陷　　　　　C. 一般缺陷　　　　　D. 隐患

【参考答案】A

5. 220kV 及以上电压等级配置光纤差动保护的线路中，当电流互感器发生二次回路断线时（　　）。（难易度：难）

    A. 本侧线路闭锁零序保护，对侧线路闭锁零序保护

    B. 本侧线路闭锁距离保护，对侧线路不闭锁距离保护

    C. 当 TA 断线闭锁差动控制字投入时，本侧线路纵联差动保护闭锁分相差、零差，对侧线路纵联差动保护闭锁分相差、零差

    D. 当 TA 断线闭锁差动控制字退出时，本侧线路闭锁零差，分相差抬高断线相定值且延时 150ms 三跳闭重；对侧线路纵联差动保护不闭锁分相差、零差

【参考答案】C

6. 合并单元异常时，以下对 220kV 双绕组主变压器保护的影响描述不正确的是（　　）。（难易度：难）

    A. 变压器差动相关的电流通道异常时，闭锁相应的差动保护和该侧的后备保护

    B. 变压器中性点零序电流、间隙电流异常时，闭锁该侧后备保护中的复压过流保护

114

C. 相电压异常时，保护逻辑按照该侧 TV 断线处理，若该侧零序电压采用自产电压，则闭锁该侧的间隙保护和零序过电压保护

D. 零序电压异常时，闭锁该侧的间隙保护和零序过电压保护

【参考答案】B

7. 以下对智能变电站母差保护在电流采样和电压采样通信中断时处理机制的描述正确的是（　　）。（难易度：中）

A. 当任一间隔的电流采样中断时，母差保护将闭锁差动保护

B. 当母联电流采样中断时，应置母线分裂状态

C. 母线电压采样中断，母差保护闭锁差动保护

D. 以上均不正确

【参考答案】A

8. 智能变电站继电保护发出（　　）信号，说明保护发生异常现象，未闭锁保护，装置可以继续运行，运行人员需立即查明原因，并汇报相关调度确认是否需停用保护装置。（难易度：易）

A. 保护动作　　　　B. 装置故障　　　　C. 运行异常　　　　D. 告警

【参考答案】C

二、多选题

1. 在使用 GOOSE 跳闸的智能变电站，以下哪些情况可能导致保护动作但开关未跳闸（　　）。（难易度：中）

A. 智能终端检修压板投入，保护装置检修压板未投入

B. 智能终端检修压板未投入，保护装置检修压板投入

C. 智能终端出口压板未投入

D. 保护到智能终端的直跳光纤损坏

【参考答案】ABCD

2. 双重化配置的 220kV 出现间隔，第一套合并单元停用时，与其对应的（　　）应置检修状态。（难易度：中）

A. 第一套线路保护配置　　　　B. 第二套线路保护配置

C. 第一套母差保护配置　　　　D. 第二套母差保护配置

【参考答案】AC

3. 合并单元双重化配置时，当发生以下故障时（　　），不应停用一次设备。（难易度：中）

A. 第一套合并单元故障　　　　B. 第二套合并单元故障

C. 量套合并单元同时故障　　　　D. 以上答案均正确

【参考答案】AB

4. 双重化配置保护单一元件的（　　）异常处置原则，投入异常元件检修压板，重启一次，重启后弱异常消失，恢复正常运行状态，若重启不成功，及时采取防止运行保护不正确动作措施。（难易度：中）

A. 保护装置　　　B. 智能终端　　　C. 合并单元　　　D. 交换机

【参考答案】ABC

5. 智能变电站 220kV 线路将，某套合并单元异常检查处理，下列说法正确的有（　　）。（难易度：难）

A. 对应线路保护功能退出

B. 对应两套线路保护功能退出

C. 对应母差保护相关支路的 SV 接收软压板退出

D. 对应母差保护停用

【参考答案】AD

6. 智能变电站 220kV 线路间隔，某套线路保护异常检查处理，下列说法正确的有（　　）。（难易度：难）

A. 投入对应线路保护装置检修硬压板

B. 投对应线路保护停用重合闸功能软压板

C. 退出对应线路保护 GOOSE 跳闸、合闸出口软压板

D. 退出对应线路保护失灵启动出口软压板

【参考答案】ACD

7. 某间隔运行合并单元出现装置故障后，以下（　　）是不正确的处理措施。（难易度：中）

A. 合并单元装置断电　　　　　　　B. 拔掉合并单元所有采样输出光纤

C. 重启合并单元装置　　　　　　　D. 退相关间隔保护出口软压板

【参考答案】ABC

三、判断题

1. 合并单元通信中断或采样数据异常时，相关设备应可靠闭锁。（难易度：易）

【参考答案】正确

2. 合并单元故障不停电消缺时，应退出与该合并单元相关的所有 SV 接收压板。（难易度：中）

【参考答案】错误

3. 智能变电站双重化配置的线路间隔一套智能终端检修或故障，不影响另一套。（难易度：易）

【参考答案】正确

4. 智能变电站主变压器故障时，非电量保护通过电缆接线直接作用于主变压器各侧智能终端的"其他保护动作三相跳闸"输入端口。（难易度：中）

【参考答案】正确

5. 合并单元电压数据异常后，主变压器保护闭锁使用该电压的后备保护。（难易度：难）

【参考答案】错误

6. 母线电压 SV 品质异常时，母线保护将闭锁差动保护。（难易度：难）

【参考答案】错误

7. 智能变电站保护装置异常重启的安全措施：保护装置改为信号后，投入装置检修

状态硬压板，重启装置一次。（难易度：中）

【参考答案】错误

8. 智能变电站保护装置异常重启的安全措施：投入装置检修状态硬压板，重启装置一次。（难易度：易）

【参考答案】正确

9. 智能变电站智能终端异常重启的安全措施：投入装置检修状态硬压板，重启装置一次。（难易度：易）

【参考答案】错误

10. 智能变电站智能终端异常重启的安全措施：退出装置跳合闸出口硬压板、测控出口硬压板，投入检修状态硬压板，重启装置一次。（难易度：易）

【参考答案】正确

11. 智能变电站母线合并单元异常重启的安全措施：投入装置检修状态硬压板，关闭电源并等待 5s，然后上电重启。（难易度：易）

【参考答案】正确

12. 智能变电站间隔合并单元异常重启的安全措施：该合并单元对应的间隔保护改信号，投入合并单元检修状态硬压板，重启装置一次。（难易度：易）

【参考答案】错误

13. 智能变电站间隔合并单元异常重启的安全措施：若保护双重化配置，则将该合并单元对应的间隔保护改信号，投入合并单元检修状态硬压板，重启装置一次。（难易度：易）

【参考答案】正确

14. 智能变电站间隔合并单元异常重启的安全措施：若保护单套配置，相关保护不改信号，直接投入合并单元检修状态硬压板，重启装置一次。（难易度：易）

【参考答案】正确

15. 智能变电站双重化配置的第一套智能终端操作电源失去时，两套线路保护均应退出重合闸。（难易度：难）

【参考答案】正确

16. 在一次设备不陪停的情况下，220kV 第一套母差保护与线路（主变压器）第二套保护不允许同时停役。（难易度：难）

【参考答案】正确

17. 在一次设备不陪停的情况下，220kV 第二套母差保护与线路（主变压器）第一套保护允许同时停役。（难易度：难）

【参考答案】错误

18. 在一次设备不陪停的情况下，220kV 第一套母差保护与开关第二套智能终端装置不允许同时停役。（难易度：难）

【参考答案】正确

19. 在一次设备不陪停的情况下，220kV 第一套母差保护与开关第二套智能终端装置允许同时停役。（难易度：难）

【参考答案】错误

20. 当开关第一套智能终端装置故障时，不允许对本间隔开关、刀闸、地刀进行遥控操作和远方信号复归，现场应加强运行监视。（难易度：中）

【参考答案】正确

21. 装置故障处理时，只允许在本侧插拔尾纤，严禁在交换机侧插拔尾纤。（难易度：难）

【参考答案】正确

22. 过程层网络交换机故障属于严重缺陷。（难易度：中）

【参考答案】错误

23. 变压器本体智能终端异常只影响通过本智能终端的遥控功能。（难易度：易）

【参考答案】错误

24. 双重化配置的两套保护，GOOSE A 网、B 网同时断链告警，可以不用将相应一次设备停役。（难易度：中）

【参考答案】错误

25. 主变压器非电量智能终端装置发生 GOOSE 断链时，非电量保护可继续运行，但应加强运行监视。（难易度：中）

【参考答案】正确

26. 双重化配置的线路或主变压器合并单元装置单套停用时，对应一次设备需停用。（难易度：中）

【参考答案】错误

27. 保护"装置故障"动作闭锁装置，应立即汇报调度将保护装置停用，并报紧急缺陷。（难易度：中）

【参考答案】正确

28. 保护"装置告警"动作不闭锁保护，装置可以继续运行，是否需停用保护装置应由调度决定，并报重要缺陷。（难易度：中）

【参考答案】正确

29. 合并单元数据品质位（无效、检修等）异常时，保护装置应延时闭锁可能误动的保护。（难易度：易）

【参考答案】错误

30. 组网方式下，当纵联差动保护装置的本地同步时钟丢失时，需要将纵联差动保护闭锁。（难易度：中）

【参考答案】正确

31. 某 220kV 线路第一套合并单元故障不停电消缺时，可采取投入该合并单元检修压板或断开该合并单元 SV 光缆的安全措施。（难易度：难）

【参考答案】正确

32. 某间隔运行合并单元出现装置故障后，应退相关间隔保护出口软压板。（难易度：中）

【参考答案】正确

33．母线合并单元故障或失电，母线保护装置收电压采样无效，闭锁母差保护。（难易度：中）

【参考答案】错误

34．智能变电站双重化配置的线路间隔一套智能终端检修或故障，不影响另一套。（难易度：易）

【参考答案】正确

35．智能变电站主变压器故障时，非电量保护通过电缆接线直接作用于主变压器各侧智能终端的"其他保护动作三相跳闸"输入端口。（难易度：中）

【参考答案】正确

36．合并单元电压数据异常后，主变压器保护闭锁使用该电压的后备保护。（难易度：中）

【参考答案】错误

37．智能变电站母线保护在采样通信中断时不应该闭锁母差保护。（难易度：中）

【参考答案】错误

38．GOOSE 通信中断应送出告警信号，设置网络断链告警。在接收报文的允许生存时间（Time Allow to Live）的 2 倍时间内没有收到下一帧 GOOSE 报文时判断为中断。双网通信时须分别设置双网的网络断链告警。（难易度：难）

【参考答案】正确

39．保护装置在接收到异常的合并单元采样信号时，应能立刻闭锁保护出口，确保不误动。（难易度：中）

【参考答案】正确

40．合并单元、继电保护装置、智能终端等双重化配置的设备异常时，必须停运相关一次设备；对于单套配置的间隔，对应断路器应退出运行。（难易度：难）

【参考答案】错误

41．双重化配置保护使用的 GOOSE（SV）网络应遵循相互独立的原则，当一个网络异常或退出时不应影响另一个网络的运行。（难易度：易）

【参考答案】正确

42．保护装置 GOOSE 中断后，保护装置将闭锁。（难易度：难）

【参考答案】错误

43．宜通过间隔层网络传输过负荷减载命令、五防联闭锁信息。（难易度：难）

【参考答案】错误

44．双重化配置的两个过程层网络应遵循完全独立的原则，当一个网络异常或退出时不应影响另一个网络的运行。（难易度：易）

【参考答案】正确

45．网络报文记录分析系统因站控层发生故障而停运时，不能影响间隔层以及过程层信号的正常记录。（难易度：易）

【参考答案】正确

46．TV 合并单元故障或失电，线路保护装置收电压采样无效，闭锁所有保护。（难

易度：难）

【参考答案】错误

47. 线路合并单元故障或失电，线路保护装置收线路电流采样无效，闭锁所有保护。（难易度：难）

【参考答案】正确

48. 智能变电站的合并单元失去同步时，母线保护、主变压器保护将闭锁。（难易度：中）

【参考答案】错误

49. 线路保护动作后，对应的智能终端没有出口可能是因为线路保护和合并单元检修压板不一致。（难易度：中）

【参考答案】错误

50. 保护电压采样无效闭锁所有保护。（难易度：中）

【参考答案】错误

51. 母联间隔采样数据无效的情况下，应该闭锁母差保护功能。（难易度：中）

【参考答案】错误

52. 点对点采样方式下，合并单元失步后，保护装置应能发采样失步告警信号。（难易度：难）

【参考答案】错误

53. 智能变电站中合并单元失去同步时，母线保护、主变保护将闭锁。（难易度：中）

【参考答案】错误

四、填空题

1. 智能变电站中双重化配置的 220kV A 套主变压器保护因异常退出时，需退出相应 220kVA 套母联智能终端（　　）。（难易度：中）

【参考答案】出口压板

2. 智能变电站中双重化配置的 220kV 母联（分段）断路器 A 套智能终端因异常退出时需退出 A 套（　　）功能及 GOOSE 出口软压板。（难易度：中）

【参考答案】母差保护

3. 线路合并单元故障时，应停用（　　）和相应的线路保护，相关保护及合并单元装置应投入检修状态硬压板。（难易度：易）

【参考答案】母差保护

4. 当合并单元与保护装置检修压板状态不一致时，从合并单元处加量模拟保护故障，保护装置将会（　　）。（难易度：中）

【参考答案】不动作

五、简答题

1. 对于 220kV 采用双母线、110kV 及 35kV 采用单母分段方式的接线方式 220kV 智能变电站，220kV 线路第一套合并单元异常，影响的设备有哪些？处理原则是怎样的？（难易度：难）

【参考答案】

(1) 影响设备：线路第一套保护装置、测控装置、电度表、220kV 第一套母差保护装置。

（2）处理原则：放上合并单元检修状态投入压板，对合并单元重启一次，重启成功，则将合并单元投入运行；若重启不成，则汇报调度，根据调度指令进行"装置异常隔离"，将线路第一套纵联保护、线路第一套微机保护及 220kV 第一套母差保护改信号，影响到的遥测及电度表，远动工作负责人告调度自动化。

2. 对于 220kV 采用双母线、110kV 及 35kV 采用单母分段方式的接线方式 220kV 智能变电站，220kV 线路第一套智能终端异常，影响的设备有哪些？处理原则是怎样的？（难易度：难）

【参考答案】

（1）影响设备：线路第一套保护装置、第一套合并单元、测控装置、220kV 第一套母差保护装置。

（2）处理原则：放上智能终端检修状态投入压板，取下智能终端保护跳闸压板，对智能终端重启一次，重启成功，则将智能终端投入运行；若重启不成，则汇报调度，根据调度指令进行"装置异常隔离"，将线路第一套纵联保护、线路第一套微机保护、重合闸及 220kV 第一套母差保护改信号，影响到的一次设备遥信位置，远动工作负责人告调度自动化。

3. 对于 220kV 采用双母线、110kV 及 35kV 采用单母分段方式的接线方式 220kV 智能变电站，220kV 线路第一套保护装置异常，影响的设备有哪些？处理原则是怎样的？（难易度：难）

【参考答案】

（1）影响设备：线路第一套智能终端、第一套合并单元、220kV 第一套母差保护装置。

（2）处理原则：根据调度指令：将线路第一套纵联保护、线路第一套微机保护改信号，放上线路保护检修状态投入压板，对线路保护重启一次，重启成功，则将线路保护投入运行；若重启不成，则汇报调度；如遇保护装置死机或无法操作，按重启不成功汇报调度。

4. 对于 220kV 采用双母线、110kV 及 35kV 采用单母分段方式的接线方式 220kV 智能变电站，220kV 线路过程层 A 网交换机异常，影响的设备有哪些？处理原则是怎样的？（难易度：难）

【参考答案】

（1）影响设备：线路第一套智能终端、第一套合并单元、第一套保护装置、测控装置、电度表及 220kV 第一套母差保护装置。

（2）处理原则：对过程层交换机重启一次，重启成功，则将过程层交换机投入运行；若重启不成，则汇报调度，根据调度指令进行"装置异常隔离"，将 220kV 第一套母差保护改信号，影响到的一次设备遥信位置、遥测及电度表，远动工作负责人告调度自动化。

5. 对于 220kV 采用双母线、110kV 及 35kV 采用单母分段方式的接线方式 220kV 智能变电站，220kV 线路测控装置异常，影响的设备有哪些？处理原则是怎样的？（难易度：难）

【参考答案】

（1）影响设备：线路第一套智能终端、第一套合并单元。

（2）处理原则：放上测控装置检修状态投入压板，对测控装置重启一次，重启成功，则将测控装置投入运行；若重启不成，则汇报调度，影响到的一次设备遥信位置及遥测，远动工作负责人告调度自动化。

6. 对于 220kV 采用双母线、110kV 及 35kV 采用单母分段方式的接线方式 220kV 智能变电站，220kV 母联第一套合并单元异常，影响的设备有哪些？处理原则是怎样的？（难易度：难）

【参考答案】

（1）影响设备：220kV 母联第一套充电解列保护装置、测控装置、220kV 第一套母差保护装置。

（2）处理原则：放上合并单元检修状态投入压板，对合并单元重启一次，重启成功，则将合并单元投入运行；若重启不成，则汇报调度，根据调度指令进行"装置异常隔离"，将 220kV 第一母差保护改信号、检查 220kV 母联第一套充电解列保护确在信号状态，影响到的遥测，远动工作负责人告调度自动化。

7. 对于 220kV 采用双母线、110kV 及 35kV 采用单母分段方式的接线方式 220kV 智能变电站，220kV 母联第一套智能终端异常，影响的设备有哪些？处理原则是怎样的？（难易度：难）

【参考答案】

（1）影响设备：220kV 母联第一套充电解列保护装置、第一套合并单元、测控装置、220kV 第一套母差保护装置。

（2）处理原则：放上智能终端检修状态投入压板，取下智能终端保护跳闸压板，对智能终端重启一次，重启成功，则将智能终端投入运行；若重启不成，则汇报调度，根据调度指令进行"装置异常隔离"，将 220kV 第一套母差保护改信号、检查 220kV 母联第一套充电解列保护确在信号状态，影响到的一次设备遥信位置，远动工作负责人告调度自动化。

8. 对于 220kV 采用双母线、110kV 及 35kV 采用单母分段方式的接线方式 220kV 智能变电站，220kV 母联第一套充电解列保护装置异常，影响的设备有哪些？处理原则是怎样的？（难易度：难）

【参考答案】

（1）影响设备：220kV 母联第一套智能终端、第一套合并单元。

（2）处理原则：根据调度指令，确认 220kV 母联第一套充电解列保护在信号状态，放上母联充电解列保护检修状态投入压板，对母联充电解列保护重启一次，重启成功，则将母联充电解列保护投入运行；若重启不成，则汇报调度；如遇保护装置死机或无法操作，按重启不成功汇报调度。

9. 对于 220kV 采用双母线、110kV 及 35kV 采用单母分段方式的接线方式 220kV 智能变电站，220kV 母联过程层 A 网交换机异常，影响的设备有哪些？处理原则是怎样的？（难易度：难）

【参考答案】

（1）影响设备：220kV 母联第一套智能终端、第一套合并单元、第一套充电解列保护装置、测控装置及 220kV 第一套母差保护装置。

（2）处理原则：对过程层交换机重启一次，重启成功，则将过程层交换机投入运行；若重启不成，则汇报调度，根据调度指令进行"装置异常隔离"，将 220kV 第一套母差保护改信号，影响到的一次设备遥信位置及遥测，远动工作负责人告调度自动化。

10. 对于 220kV 采用双母线、110kV 及 35kV 采用单母分段方式的接线方式 220kV 智能变电站，220kV 母联测控装置异常，影响的设备有哪些？处理原则是怎样的？（难易度：难）

【参考答案】

（1）影响设备：220kV 母联第一套智能终端、第一套合并单元。

（2）处理原则：放上测控装置检修状态投入压板，对测控装置重启一次，重启成功，则将测控装置投入运行；若重启不成，则汇报调度，影响到的一次设备遥信位置及遥测，远动工作负责人告调度自动化。

11. 对于 220kV 采用双母线、110kV 及 35kV 采用单母分段方式的接线方式 220kV 智能变电站，220kV 母设第一套合并单元异常，影响的设备有哪些？处理原则是怎样的？（难易度：难）

【参考答案】

（1）影响设备：220kV 正母母设测控装置、220kV 第一套母差保护装置、220kV 各间隔第一套合并单元。

（2）处理原则：放上合并单元检修状态投入压板，对合并单元重启一次，重启成功，则将合并单元投入运行；若重启不成，则汇报调度，根据调度指令进行"装置异常隔离"，将各线路的第一套纵联保护、第一套微机保护、1#主变压器第一套保护、2#主变压器第一套保护、220kV 第一套母差保护改信号，影响到的 220kV 母线电压遥测，远动工作负责人告调度自动化。

12. 对于 220kV 采用双母线、110kV 及 35kV 采用单母分段方式的接线方式 220kV 智能变电站，220kV 正母母设智能终端异常，影响的设备有哪些？处理原则是怎样的？（难易度：难）

【参考答案】

（1）影响设备：220kV 正母母设测控装置、220kV 母设第一套合并单元及 220kV 第一套母差保护。

（2）处理原则：放上智能终端检修状态投入压板，对智能终端重启一次，重启成功，则将智能终端投入运行；若重启不成，则汇报调度，影响到的一次设备遥信，远动工作负责人告调度自动化。

13. 对于 220kV 采用双母线、110kV 及 35kV 采用单母分段方式的接线方式 220kV 智能变电站，220kV 第一套母差保护装置异常，影响的设备有哪些？处理原则是怎样的？（难易度：难）

【参考答案】

（1）影响设备：220kV 各间隔第一套智能终端、第一套合并单元、第一套保护及

220kV 母设第一套合并单元。

（2）处理原则：根据调度指令，220kV 第一套母差保护由跳闸改为信号，放上 220kV 第一套母差保护检修状态投入压板，对 220kV 第一套母差保护重启一次，重启成功，则将 220kV 第一套母差保护投入运行；若重启不成，则汇报调度；如遇保护装置死机或无法操作，按重启不成功汇报调度。

14. 对于 220kV 采用双母线、110kV 及 35kV 采用单母分段方式的接线方式 220kV 智能变电站，220kV 正母母设测控装置异常，影响的设备有哪些？处理原则是怎样的？（难易度：难）

【参考答案】

（1）影响设备：220kV 母设第一套合并单元、220kV 正母母设智能终端。

（2）处理原则：放上测控装置检修状态投入压板，对测控装置重启一次，重启成功，则将测控装置投入运行；若重启不成，则汇报调度，影响到的一次设备遥信位置及遥测，远动工作负责人告调度自动化。

15. 对于 220kV 采用双母线、110kV 及 35kV 采用单母分段方式的接线方式 220kV 智能变电站，主变压器 220kV 第一套合并单元异常，影响的设备有哪些？处理原则是怎样的？（难易度：难）

【参考答案】

（1）影响设备：主变压器第一套保护装置、主变压器 220kV 测控装置、220kV 第一套母差保护装置。

（2）处理原则：放上合并单元检修状态投入压板，对合并单元重启一次，重启成功，则将合并单元投入运行；若重启不成，则汇报调度，根据调度指令进行"装置异常隔离"，将主变压器第一套保护及 220kV 第一套母差保护改信号，影响到的遥测，远动工作负责人告调度自动化。

16. 对于 220kV 采用双母线、110kV 及 35kV 采用单母分段方式的接线方式 220kV 智能变电站，主变压器 220kV 第一套智能终端异常，影响的设备有哪些？处理原则是怎样的？（难易度：难）

【参考答案】

（1）影响设备：主变压器 220kV 第一套合并单元、主变压器第一套保护装置、主变压器 220kV 测控装置、220kV 第一套母差保护装置。

（2）处理原则：放上智能终端检修状态投入压板，取下智能终端保护跳闸压板，对智能终端重启一次，重启成功，则将智能终端投入运行；若重启不成，则汇报调度，根据调度指令进行"装置异常隔离"，将主变压器第一套保护及 220kV 第一套母差保护改信号，影响到的一次设备遥信位置，远动工作负责人告调度自动化。

17. 对于 220kV 采用双母线、110kV 及 35kV 采用单母分段方式的接线方式 220kV 智能变电站，主变压器第一套保护装置异常，影响的设备有哪些？处理原则是怎样的？（难易度：难）

【参考答案】

（1）影响设备：主变压器 220kV 第一套智能终端、第一套合并单元、220kV 第一套母差保护装置、主变压器 110kV 第一套智能终端、第一套合并单元、110kV1$^#$ 母分智能终端、主变压器 35kV 第一套智能终端、第一套合并单元。

（2）处理原则：根据调度指令，将主变压器第一套保护改信号，放上主变压器保护检修状态投入压板，对主变压器保护重启一次，重启成功，则将主变压器投入运行；若重启不成，则汇报调度；如遇保护装置死机或无法操作，按重启不成功汇报调度。

18．对于 220kV 采用双母线、110kV 及 35kV 采用单母分段方式的接线方式 220kV 智能变电站，主变压器 220kV 过程层 A 网交换机异常，影响的设备有哪些？处理原则是怎样的？（难易度：难）

【参考答案】

（1）影响设备：主变压器 220kV 第一套智能终端、第一套合并单元、测控装置、主变压器第一套保护装置及 220kV 第一套母差保护装置。

（2）处理原则：对过程层交换机重启一次，重启成功，则将过程层交换机投入运行；若重启不成，则汇报调度，根据调度指令进行"装置异常隔离"，将 220kV 第一套母差保护改信号，影响到的一次设备遥信位置及遥测，远动工作负责人告调度自动化。

19．对于 220kV 采用双母线、110kV 及 35kV 采用单母分段方式的接线方式 220kV 智能变电站，主变压器 220kV 测控装置异常，影响的设备有哪些？处理原则是怎样的？（难易度：难）

【参考答案】

（1）影响设备：主变压器 220kV 第一套智能终端、第一套合并单元。

（2）处理原则：放上测控装置检修状态投入压板，对测控装置重启一次，重启成功，则将测控装置投入运行；若重启不成，则汇报调度，影响到的一次设备遥信位置及遥测，远动工作负责人告调度自动化。

20．对于 220kV 采用双母线、110kV 及 35kV 采用单母分段方式的接线方式 220kV 智能变电站，主变压器非电量保护及智能终端异常，影响的设备有哪些？处理原则是怎样的？（难易度：难）

【参考答案】

（1）影响设备：主变压器非电量保护及智能终端、主变压器本体测控装置。

（2）处理原则：放上主变压器非电量保护及智能终端检修状态投入压板，取下主变压器非电量保护跳闸压板，对主变压器非电量保护及智能终端重启一次，重启成功，则将主变压器非电量保护及智能终端投入运行；若重启不成，则汇报调度。

21．对于 220kV 采用双母线、110kV 及 35kV 采用单母分段方式的接线方式 220kV 智能变电站，主变压器中性点第一套合并单元异常，影响的设备有哪些？处理原则是怎样的？（难易度：难）

【参考答案】

（1）影响设备：主变压器非电量保护及智能终端、主变压器本体测控装置、主变压器第一套保护。

（2）处理原则：放上合并单元检修状态投入压板，对合并单元重启一次，重启成功，则将合并单元投入运行；若重启不成，则汇报调度，根据调度指令进行"装置异常隔离"，将主变压器第一套保护改信号。

22. 简述智能化保护"装置故障"与"装置告警"信号的含义及处理方法。（难易度：易）

【参考答案】

（1）"装置故障"动作，说明保护发生严重故障，装置已闭锁，应立即汇报调度将保护装置停用。

（2）"装置告警"动作，说明保护发生异常现象，未闭锁保护，装置可以继续运行，运行人员需立即查明原因，并汇报相关调度确认是否需停用保护装置。

23. 分析合并单元数据异常后，对 220kV 双绕组主变压器保护的影响。（难易度：难）

【参考答案】

（1）变压器差动相关的电流通道异常，闭锁相应的差动保护和该侧的后备保护。

（2）变压器中性点零序电流、间隙电流异常时，闭锁该侧后备保护中对应使用该电流通道的零序保护、间隙保护。

（3）相电压异常时，保护逻辑按照该侧 TV 断线处理。

（4）零序电压异常时，闭锁该侧的间隙保护和零序过压保护。

24. SV 通道异常、GOOSE 通道异常对母线保护的影响有哪些？（难易度：中）

【参考答案】

（1）当某组 SV 通道状态异常时装置延时 10s 发该组 SV 通道异常报文。SV 通道异常闭锁保护。

（2）当某组 GOOSE 通道状态异常时装置延时 10s 发该组 GOOSE 通道异常报文。GOOSE 通道异常不闭锁保护。

25. 智能终端常见异常有哪些？（难易度：难）

【参考答案】

（1）板卡配置错误。

（2）GPS 时钟源异常。

（3）控制回路断线。

（4）信号电源失电。

（5）GOOSE 信号长期输入。

（6）GOOSE 网络风暴。

（7）GOOSE 链路断链。

（8）GOOSE 配置错误。

（9）断路器跳合闸压力或储能异常。

26. 第一套或第二套智能终端故障分别可能哪些影响？（难易度：难）

【参考答案】

第一、第二套智能终端故障，均会影响该套保护跳闸重合闸功能，同时影响断路器、隔离开关、接地开关等一次设备位置采样、各类告警信号的上传、机构给保护的闭锁重合闸信息、该套智能终端对母线保护的信号、该套智能终端发给另一套智能终端的闭锁重合闸信号等。同时还将影响相应合并单元的电压切换功能。

第一套智能终端故障，还可能影响设备遥控操作、两套保护的重合闸出口功能。

27. 公用交换机故障会产生哪些影响？（难易度：难）

【参考答案】

会影响主变压器保护对 220kV 母联断路器、110kV 母联断路器、35kV 分段断路器的控制。

28. 220kV 公用交换机故障会产生哪些影响？（难易度：难）

【参考答案】

会影响主变压器保护对 220kV 母联断路器的控制，220kV 母线保护对所有母线间隔的控制（只影响双重化保护中会产生故障的一套）。

29. 110kV 公用交换机故障会产生哪些影响？（难易度：难）

【参考答案】

会影响主变压器保护对 220kV 母联断路器的控制，220kV 母线保护对所有母线间隔的控制，过负荷联切装置对 110kV 所有间隔断路器的控制。

30. 智能变电站保护装置"SV 采样数据异常"告警信号产生的原因和含义是什么？（难易度：难）

【参考答案】保护装置在接收 SV 采样数据时，当出现数据超时、解码出错、采样计数器出错、采样插值出错等采用逻辑"或"处理，延时报警，此时保护装置认为 SV 采样数据异常，应将 SV 采样值作无效处理，并闭锁相关保护功能。

31. 简述双母线接线方式下，合并单元故障或失电时，线路保护装置的处理方式。（难易度：难）

【参考答案】如果是 TV 合并单元故障或失电，线路保护装置收电压采样无效，闭锁与电压相关的保护（如：纵联和距离），如果是线路合并单元故障或失电，线路保护装置收线路电流采样无效，闭锁所有保护。

32. 分析合并单元数据异常后，对 220kV 双圈变主变压器保护的影响？（难易度：难）

【参考答案】

(1) 变压器差动相关的电流通道异常，闭锁相应的差动保护和该侧的后备保护。

(2) 变压器中性点零序电流、间隙电流异常时，闭锁该侧后备保护中对应使用该电流通道的零序保护、间隙保护。

(3) 相电压异常时，保护逻辑按照该侧 TV 断线处理。

(4) 零序电压异常时，闭锁该侧的间隙保护和零序过压保护。

33. 智能变电站母线保护在采样通信中断时是否应该闭锁母差保护，为什么？（难易度：中）

【参考答案】

要闭锁。因为当采样通信中断后母差保护采不到中断间隔的电流值，如果不闭锁的话可能导致母差保护误动。母线电压采样中断，母差保护电压闭锁开放。

34. 如何检验智能终端输出 GOOSE 数据通道与装置开关量输入关联的正确性？若不

正确，应如何检查？（难易度：难）

【参考答案】

实际模拟智能终端相关 GOOSE 数据变位，若装置是能收到相应的变位，则证明两者之间关联正确；若不能，可尝试检查：

（1）光纤连接是否正确。

（2）相关的压板是否投入。

（3）通过软件截取 GOOSE 报文，对其内容进行分析，查看是否 CID 文件配置错误。

（4）使用继电保护测试仪模拟开入开出分别对智能终端和装置进行测试验证其行为是否正确。

35. 保护动作正确，智能终端无法实现跳闸时应检查哪些部位？（难易度：难）

【参考答案】

检查输入光纤的完好性；装置是否在正常工作状态；是否收到 GOOSE 跳闸报文；输出接点是否动作，输出二次回路的正确性，两侧检修压板位置是否一致，出口压板是否投入。

36. 流程如何？若陪停故障间隔一次设备，则运行人员重新投入母差保护的操作流程？（难易度：难）

【参考答案】

（1）若该变电站仅为单重化保护配置，线路间隔电流合并单元故障时运行人员的操作如下：

1）投入故障间隔合并单元的"检修状态"硬压板。

2）投入故障间隔线路保护的"检修状态"硬压板。

3）投入母差保护的"检修状态"硬压板。

（2）一次设备陪停时情况下，重新投入母差保护的操作如下：

1）停下合并单元故障间隔一次设备。

2）退出母差保护对应间隔的 SV 接收压板及 GOOSE 接收发送压板。

3）待母差无差流情况时，取下母差保护的"检修状态"硬压板。

37. 为防止母差保护单一通道数据异常导致装置被闭锁，母差保护按照光纤数据通道的异常状态有选择性地闭锁相应的保护元件，简述具体处理原则。（难易度：难）

【参考答案】

（1）采样数据无效时采样值不清零，仍显示无效的采样值。

（2）某段母线电压通道数据异常不闭锁保护，但开放该段母线电压闭锁。

（3）支路电流通道数据异常，闭锁差动保护及相应支路的失灵保护，其他支路的失灵保护不受影响。

（4）母联支路电流通道数据异常，闭锁母联保护，母联所连接的两条母线自动置互联。

38. 双母线接线方式下线路或母线 TV 合并单元故障时，线路保护装置怎样处理？（难易度：难）

【参考答案】

（1）母线 TV 合并单元故障，线路保护装置视母线电压采样无效，闭锁与母线电压相关的保护功能。

（2）线路间隔合并单元故障，线路保护装置视电流和电压采样无效，闭锁所有保护。

六、分析题

1. 以采用"直采直跳模式"的第一套线路保护为例，说明线路保护消缺时的安全措施。（难易度：难）

【参考答案】

（1）缺陷处理前：

1）退出 220kV 第一套母线保护中本线路间隔 GOOSE 启失灵接收软压板。

2）退出本间隔第一套线路保护内 GOOSE 出口软压板、启失灵发送软压板，并投入装置检修压板。

3）如有需要可断开线路保护至对侧纵联光纤及线路保护背板光纤。

（2）缺陷处理后传动试验时：

1）退出 220kV 第一套母线保护中其他间隔 GOOSE 出口软压板、失灵联跳发送软压板，投入母线保护检修压板。

2）退出本间隔第一套智能终端出口硬压板，并投入检修压板。

3）投入本间隔第一套线路保护检修压板。

4）如有需要退出该线路保护至线路对侧纵联光纤，解开至另一套智能终端闭锁重合闸回路。

上述安全措施方案可传动至该断路器智能终端出口硬压板，如有必要可停役相关一次设备做完整的整组传动试验。

2. 智能终端无法实现跳闸时应检查哪些方面？（难易度：难）

【参考答案】

智能终端无法实现跳闸时应检查的方面有：

（1）两侧的检修压板状态是否一致，跳闸出口硬压板是否投入。

（2）输出硬接点是否动作，输出二次回路是否正确。

（3）装置收到的 GOOSE 跳闸报文是否正确。

（4）保护（测控）装置 GOOSE 出口软压板是否正常投入。

（5）装置的光纤连接是否良好。

（6）保护（测控）及智能终端装置是否正常工作。

（7）SCD 文件的虚端子连接是否正确。

3. 当主变压器保护 GOOSE 通信中断时，该如何处理？（难易度：难）

【参考答案】

根据保护装置显示通信中断情况检查 GOOSE 交换机上对应的端口物理连接是否正常，即指示灯是否闪烁。若指示灯正常，则表明光缆连接正常，反之，则可能是光缆发生断链或是光缆的接口接触不良。如果物理连接正常，接着就需要通过数字化测试仪或抓包软件分别在保护侧和保护显示与之中断的智能设备侧进行抓包分析，最终定位造成通信中断的原因，是保护未正确处理信号，还是智能设备未正确发送信号，或是反之。

4. 简述智能变电站继电保护系统异常及动作处理原则。（难易度：难）

【参考答案】

（1）继电保护系统异常或继电保护动作后，值班调度员应通过调度技术支持系统（监控系统、继电保护信息管理系统等）及现场检查情况，判断异常影响范围，判断故障性质，采取合理的处理措施。防止异常造成继电保护误动，同时应兼顾继电保护的运行可靠性。

（2）对危急缺陷，应立即采取变更运行方式、停运相关一次设备、投退相关继电保护等应急措施，做好事故预想；对严重缺陷，应做好缺陷处理准备工作。

（3）合并单元、继电保护装置、智能终端等双重化配置时，当单套异常时，可不停运相关一次设备；对于单套配置的情况，如装置发生异常，则相应被保护的一次设备应退出运行。

（4）母线电压互感器合并单元异常，按母线电压异常处理。

（5）过程层网络异常，根据异常情况以及过程层网络结构确定其影响范围，相应变更相关继电保护运行状态。

七、画图题

画图说明合并单元 SV 级联断链异常处理方法。（难易度：难）

【参考答案】

SV 接收状态指示灯异常：检查 SV 级联光纤连接是否正常，是否有出现断线、脱落现象，如发现光纤连接问题，更换备用光纤。二级合并单元对级联光纤通信状态进行监视，通信状态异常时 SV 接收状态指示灯闪烁。

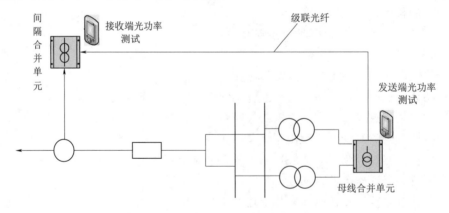

图 15　合并单元 SV 采样级联回路示意图

参 考 文 献

[1] 国网浙江省电力公司. 智能变电站技术及运行维护 [M]. 北京：中国电力出版社，2015.

[2] 曹团结，黄国方. 智能变电站继电保护技术与应用 [M]. 北京：中国电力出版社，2013.

[3] 国家电力调度控制中心，国网浙江省电力公司. 智能变电站继电保护技术问答 [M]. 北京：中国电力出版社，2014.

[4] 国家电网公司. 智能变电站技术导则：Q/GDW 383—2009 [S]. 北京：中国电力出版社，2009.

[5] 国家电网公司. 智能变电站继电保护技术规范：Q/GDW 441—2010 [S]. 北京：中国电力出版社，2010.

[6] 中华人民共和国国家质量监督检验检疫局，中国国家标准化管理委员会. 继电保护和安全自动装置技术规程：GB/T 14285—2006 [S]. 北京：中国质检出版社，2006.

[7] 国家电网公司. 智能变电站合并单元技术规范：Q/GDW 426—2010 [S]. 北京：中国电力出版社，2010.

[8] 国家电网公司. 智能变电站测控单元技术规范：Q/GDW 427—2010 [S]. 北京：中国电力出版社，2010.

[9] 国家电网公司. 智能变电站智能终端技术规范：Q/GDW 428—2010 [S]. 北京：中国电力出版社，2010.

[10] 国家电网公司. 智能变电站网络换机技术规范：Q/GDW 429—2010 [S]. 北京：中国电力出版社，2010.